# Clean Architecture

## A Craftsman's Guide to Software Structure and Design

# 整洁架构之道

[美] 罗伯特·C. 马丁（Robert C. Martin） 著

茹炳晟 刘惊惊 于君泽 柳飞 译

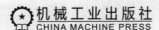

机械工业出版社
CHINA MACHINE PRESS

本书中文简体字版由 Pearson Education（培生教育出版集团）授权机械工业出版社在中国大陆地区（不包括香港、澳门特别行政区及台湾地区）独家出版发行。未经出版者书面许可，不得以任何方式抄袭、复制或节录本书中的任何部分。

本书封底贴有 Pearson Education（培生教育出版集团）激光防伪标签，无标签者不得销售。

北京市版权局著作权合同登记　图字：01-2023-1844 号。

图书在版编目（CIP）数据

整洁架构之道 /（美）罗伯特·C. 马丁
(Robert C. Martin) 著；茹炳晟等译 . -- 北京 : 机械
工业出版社，2024. 9. --（架构师书库）. -- ISBN
978-7-111-76398-7

Ⅰ. TP311.523
中国国家版本馆 CIP 数据核字第 2024CX4293 号

机械工业出版社（北京市百万庄大街 22 号　邮政编码 100037）
策划编辑：王　颖　　　　　　责任编辑：王　颖
责任校对：李　杉　梁　静　　责任印制：郜　敏
三河市国英印务有限公司印刷
2024 年 9 月第 1 版第 1 次印刷
186mm × 240mm · 18.25 印张 · 274 千字
标准书号：ISBN 978-7-111-76398-7
定价：99.00 元

电话服务　　　　　　　　　网络服务
客服电话：010-88361066　　机 工 官 网：www.cmpbook.com
　　　　　010-88379833　　机 工 官 博：weibo.com/cmp1952
　　　　　010-68326294　　金 书 网：www.golden-book.com
封底无防伪标均为盗版　　　机工教育服务网：www.cmpedu.com

当我们谈论架构时，会谈论什么？

架构的核心特征在于结构，通过建筑的视角看软件，可以把软件的结构视为软件开发范式，以及组件、类、函数、模块、层和服务等。但是，许多软件系统的总体结构往往既令人难以置信，又难以理解。很明显，软件结构不像建筑结构那样遵循我们的直觉。

建筑物具有明显的物理结构，无论是由石头还是混凝土建造，无论是高耸还是平铺，无论是大还是小，无论是壮丽还是平凡，它们的结构除了遵循重力和材料力学的物理规律，几乎别无选择。此外，除了严格意义之外，软件几乎不受重力影响。而软件是由什么构成的呢？与建筑物是由建筑材料构成不同，软件就是由软件本身构成的。大的软件是由更小的软件组件构成，而这些组件又是由更小的软件组件构成，以此类推。

当我们谈论软件架构时，软件在本质上是递归和分形的，以代码的形式被刻画和勾勒。建筑的架构有许多互相交织的细节层次，但在软件中谈论物理规模是没有意义的。软件有结构——许多结构和许多种类的结构，但它的种类超出了建筑物内物理结构的范围。在软件中的设计活动和关注点要比建筑架构更多——在这个意义上，认为软件架构比建筑架构更具建筑特色是不无道理的！

尽管吸引人且视觉明显，PowerPoint 图表上的方框并不是软件系统的架构，而只是代表了一种架构的特定视角，若将方框误认为整体架构就是忽略了整体架构。一个特定的可视化是一种选择，而不是一种规定。

虽然在软件架构中谈论物理和物理规模可能没有意义，但它在物理世界中运行，我们确实需要重视和关注某些物理限制。处理器速度和网络带宽可以严重影响软件系统的性能。内存和存储可以限制任何代码库的使用。

物理世界是我们生活的地方。这为我们提供了另一个可以通过它来理解软件架构的标准，以及可以进行讨论和推理的其他非物理力量和数量。时间、金钱和努力为我们提供了一个衡量尺度，用来区分大小事物、区别架构与其他事物。同时，这种衡量标准也告诉我们如何判断一个架构是否良好：一个良好的架构不仅在某个时间点上能满足用户、开发者和业主的需求，还能随着时间的推移持续满足他们的需求。系统开发的更新迭代不应该是代价高昂、难以实现的，它们是需要单独管理的项目，而不是被纳入日常和每周的工作流程中。这一点引出了一个与物理相关的不太小的问题：时间旅行。我们如何知道那些典型的变化会是什么，以便我们可以围绕它们制定重大的决策？我们如何在没有水晶球和时间机器的情况下降低未来的开发成本和代价？

理解过去已经很难了；我们对现在的把握也是模棱两可的；预测未来则更不容易。这是道路分叉的地方。沿着最黑暗的道路，就会认为强大而稳定的架构源自权威和僵化。如果变革代价过高，那么变革便会被淘汰。架构师的权力是绝对的，架构因此成为开发人员和所有人不断烦恼的源头。另一条路上散发着浓烈的"夸夸其谈未来性"味道。这条道路上充满了硬编码的猜测、无尽的参数、代码的坟墓，以及比维护预算还要多的意外复杂性。

我们最感兴趣的道路是最干净的一条道路。它认识到了软件的柔性，并致力于将其作为系统的一流属性保留下来。它认识到我们在运作中存在知识不完整的情况，但它也理解，作为人类，我们善于运用不完整的知识。这样的做法更注重我们的优势而非劣势。我们创造事物，发现事物；我们提出问题，进行实验。良好的架构来自将它视为一次旅程，而非终点，更像是一个持续的探究过程，而非一件定格的艺术品。

走这条路需要小心和关注、思考和观察、实践和原则。这可能一开始听起来很慢，但关键在于你如何走。

享受旅程。

Kevlin Henney

本书的书名是整洁架构之道（*Clean Architecture*），这是一个大胆的名字。一些人甚至会觉得有些傲慢。那么为什么选择这个书名，为什么写本书呢？

我在 12 岁就写下了人生中的第一行代码。在半个多世纪的代码生涯中我学到了一些关于如何构建软件系统的知识——我相信其他人也会发现这些知识很有价值。我们可以通过构建多个系统（大型和小型）来学习这些知识。我已经创建了小型嵌入式系统和大型批处理系统、实时系统和 Web 系统、控制台应用程序、GUI 应用程序、过程控制应用程序、游戏、会计系统、电信系统、设计工具、绘图应用程序等许多其他应用程序。

此外，还构建了单线程应用程序、多线程应用程序、少量重量级进程应用程序、多轻量级进程应用程序、多处理器应用程序、数据库应用程序、数学应用程序、计算几何应用程序，以及许多其他类型的应用程序。

至此，我已经构建了很多应用程序和系统。通过考虑它们所有的方面，我学到了令人惊讶的知识。构建规则是一样的！这很令人吃惊，因为我构建的系统都是不同的。为什么这些不同的系统都拥有类似的构建规则？我的结论是，软件架构的构建规则独立于其他任何变量。

考虑到半个多世纪以来硬件发生的变化，这更加令人震惊。当我开始编程的时候，使用的是冰箱大小的机器，它有半兆赫的循环时间、4KB 的核心内存、32KB 的磁盘内存，以及每秒 10 个字符的电传打印接口。而我现在使用的是一台装有四个 i7 内核，每个内核运行速度为 2.8 GHz 的 MacBook。它具有 16 GB 的内存，一台千兆字节的 SSD，以及一个 2880×1800 像素的视网膜显示器，可以显示极高清晰度的视频。计算能力的差距是惊人的。

所有这些计算能力的巨大变化，对我编写软件有什么影响呢？我曾经认为2000 行是一个大程序。毕竟，那是一整盒重量近 10 斤的卡片。但是现在，一个程序直到超过 10 万行才算真正庞大。软件的性能也得到了显著提升。现在的软件和之前的软件由同样的元素构成，这些元素包括 if 语句、赋值语句以及 while循环。

你可能会反对说，我们有更好的编程语言和更优秀的范式。毕竟，我们使用 Java、C# 或 Ruby 进行编程，并且使用面向对象的设计。没错，但代码仍然只是一系列的顺序、选择和迭代，就像在 20 世纪 50 年代和 60 年代一样。当你仔细观察编程实践时，你会意识到在过去 50 年里几乎没有什么变化。编程语言变得更好了，工具也变得更加出色了，但计算机程序的基本构建块并没有变化。

如果把一个 1966 年的程序员带到 2016 年，让她<sup>⊖</sup>面对运行 Java 程序的MacBook，她可能需要 24 小时才能从震惊中恢复过来。但之后她将能够编写代码。Java 与 C 并没有太大的不同。如果我把你带回 1966 年，并向你展示使用每秒 10 个字符的电传打字机打孔纸带来编写和编辑 PDP-8 代码，你可能需要 24小时才能从失望中恢复过来。但随后你将能够编写代码。代码并没有改变太多。

这就是秘密所在：代码的不变性是软件架构规则在系统类型上如此一致的原因。软件架构规则是程序构建块的排序和组装规则。由于这些构建块是通用的并且没有改变，因此排序它们的规则也是普遍且不变的。

年轻的程序员可能会认为这是无稽之谈。他们可能会坚称现在一切都是新的和不同的，过去的规则已经过去了。如果他们这么认为，那就大错特错了。规则没有改变。尽管有了新语言、新框架和新范例，规则还是和 1946 年艾伦·图灵写下第一部机器代码时一样。

但有一件事情改变了：那时，我们不知道规则是什么。因此，我们一次又一次地违反规则。现在，半个世纪的经验告诉我们，我们掌握了这些规则。

本书讲的就是那些永恒、不变的规则。

---

⊖ 她很有可能是女性，因为在那个时代，程序员中女性占很大比例。

Robert C. Martin（Bob 大叔）的编程生涯始于 1970 年。他是 Uncle Bob Consulting 有限责任公司的创始人，与儿子 Micah Martin 共同创立了 Clean Coders 有限责任公司。Martin 在各种行业杂志上发表了数十篇文章，并经常在国际会议和行业展会上发表演讲。他撰写和编辑了许多书籍，包括 *Designing Object-Oriented C++ Applications Using the Booch Method*、*Pattern Languages of Program Design 3*、*More C++ Gems*、*Extreme Programming in Practice*、*Agile Software Development: Principles, Patterns, and Practices* ⊖、*UML for Java Programmers*⊖、*Clean Code*⊜、*The Clean Coder*⊛、*Clean Architecture*⊠、*Clean Craftsmanship*⊗和 *Clean Agile*⊕。作为软件开发行业的领军人物，Martin 曾担任 *C++ Report* 杂志的主编三年，并担任敏捷联盟的首任主席。

---

⊖ 中文版书名为《敏捷软件开发：原则、模式与实践》。——译者注
⊜ 双语版书名《UML: Java 程序员指南（双语版）》。——译者注
⊜ 中文版书名为《代码整洁之道》。——译者注
⊗ 中文版书名为《代码整洁之道：程序员的职业素养》。——译者注
⊠ 中文版书名为《架构整洁之道》。——译者注
⊗ 中文版书名为《匠艺整洁之道：程序员的职业修养》。——译者注
⊕ 中文版书名为《敏捷整洁之道：回归本源》。——译者注

# ·· 目　录 ··

推荐序
前言
作者简介

## 第一部分　概述

### 第 1 章　架构与设计 ················ 3
我们的目标是什么 ················ 4
案例学习 ················ 5
本章小结 ················ 10

### 第 2 章　两种价值维度 ········ 11
行为价值 ················ 12
架构价值 ················ 12
哪个价值维度更重要 ········ 13
艾森豪威尔矩阵 ················ 14
为架构而战 ················ 15

## 第二部分　从基础构件开始：
　　　　　　编程范式

### 第 3 章　范式概述 ············ 19
结构化编程 ················ 20

面向对象编程 ················ 20
函数式编程 ················ 20
思想小插曲 ················ 21
本章小结 ················ 21

### 第 4 章　结构化编程 ········ 22
可推导性 ················ 23
有害的 goto ················ 25
功能性降解拆分 ················ 26
形式化证明没有发生 ········ 26
依靠科学来拯救 ················ 26
测试 ················ 27
本章小结 ················ 28

### 第 5 章　面向对象编程 ········ 29
什么是封装 ················ 30
什么是继承 ················ 33
什么是多态 ················ 35
本章小结 ················ 40

### 第 6 章　函数式编程 ········ 41
整数的平方 ················ 42

不可变性与软件架构 ·················· 43

可变性的隔离 ·························· 44

事件溯源 ······························ 45

本章小结 ······························ 46

## 第三部分　设计原则

### 第 7 章　SRP：单一职责原则 ······ 49

反例 1：意外的复用 ·················· 50

反例 2：代码合并 ···················· 52

解决方案 ······························ 52

本章小结 ······························ 54

### 第 8 章　OCP：开闭原则 ·········· 55

思想实验 ······························ 56

依赖方向的控制 ······················ 59

信息隐藏 ······························ 59

本章小结 ······························ 59

### 第 9 章　LSP：里氏替换原则 ······ 60

继承的使用指南 ······················ 61

正方形 / 矩形问题 ···················· 61

LSP 和架构 ·························· 62

违反 LSP 的示例 ···················· 63

本章小结 ······························ 64

### 第 10 章　ISP：接口隔离原则 ······ 65

ISP 和编程语言 ······················ 66

ISP 和架构 ·························· 67

本章小结 ······························ 67

### 第 11 章　DIP：依赖反转原则 ····· 68

稳定的抽象 ···························· 69

工厂模式 ······························ 70

具体实现组件 ·························· 71

本章小结 ······························ 71

## 第四部分　组件原则

### 第 12 章　组件 ······················ 75

组件简史 ······························ 76

重定位技术 ···························· 78

链接器 ································ 79

本章小结 ······························ 80

### 第 13 章　组件内聚 ················ 81

复用 / 发布等价原则 ·················· 82

共同闭合原则 ·························· 83

共同复用原则 ·························· 84

组件内聚张力图 ······················ 85

本章小结 ······························ 86

### 第 14 章　组件耦合 ················ 87

无依赖环原则 ·························· 88

自顶向下的设计 ······················ 93

稳定依赖原则 ·························· 94

稳定抽象原则 ·························· 99

本章小结 ······························ 104

### 第五部分　架构

**第 15 章　架构的定义** ·········· 106

开发 ········· 108

部署 ········· 108

操作 ········· 109

运维 ········· 109

对可选项保持开放 ········· 110

设备独立性 ········· 111

垃圾邮件 ········· 113

物理寻址 ········· 114

本章小结 ········· 115

**第 16 章　独立性** ·········· 116

用例 ········· 117

操作 ········· 117

开发 ········· 118

部署 ········· 118

保持选项开放 ········· 119

层级解耦 ········· 119

解耦用例 ········· 120

解耦模式 ········· 120

可独立开发性 ········· 121

可独立部署性 ········· 121

复制 ········· 122

又一个解耦模式 ········· 123

本章小结 ········· 124

**第 17 章　划分边界** ·········· 125

几个悲伤的故事 ········· 126

菲特内斯公司 ········· 128

画哪些边界？画在哪里？ ·········· 130

输入和输出 ········· 132

插件化架构 ········· 133

关于插件化的争论 ········· 134

本章小结 ········· 135

**第 18 章　边界剖析** ·········· 136

跨越边界 ········· 137

可怕的单体应用 ········· 137

部署组件 ········· 139

线程 ········· 139

本地进程 ········· 140

服务 ········· 140

本章小结 ········· 141

**第 19 章　策略和级别** ·········· 142

级别 ········· 143

本章小结 ········· 145

**第 20 章　业务规则** ·········· 146

实体 ········· 147

用例 ········· 148

请求和响应模型 ········· 150

本章小结 ········· 150

**第 21 章　架构的自白** ·········· 151

架构的主题 ········· 152

架构的目的 ········· 152

Web 是架构吗 ········· 153

框架是工具，而不是生活方式 …… 153

可测试的架构 …………………… 154

本章小结 ……………………… 154

## 第 22 章　整洁架构 ………… 155

依赖规则 ……………………… 156

典型场景 ……………………… 160

本章小结 ……………………… 161

## 第 23 章　展示器和谦逊对象 …… 162

谦逊对象模式 ………………… 163

展示器和视图 ………………… 163

测试和架构 …………………… 164

数据库网关 …………………… 164

数据映射 ……………………… 165

服务监听器 …………………… 165

本章小结 ……………………… 165

## 第 24 章　不完全边界 ……… 166

跳到最后一步 ………………… 167

单向边界 ……………………… 168

外观 …………………………… 168

本章小结 ……………………… 169

## 第 25 章　分层和边界 ……… 170

狩猎游戏 ……………………… 171

整洁架构 ……………………… 172

交汇数据流 …………………… 174

数据流的分割 ………………… 174

本章小结 ……………………… 176

## 第 26 章　Main 组件 ………… 178

终极细节 ……………………… 179

本章小结 ……………………… 183

## 第 27 章　服务：宏观与微观 … 184

面向服务的架构 ……………… 185

服务化所带来的好处 ………… 185

运送小猫的难题 ……………… 187

对象化是救星 ………………… 188

基于组件的服务 ……………… 189

跨领域问题 …………………… 190

本章小结 ……………………… 191

## 第 28 章　测试边界 ………… 193

测试也是一种系统组件 ……… 194

可测试性设计 ………………… 194

测试专用 API ………………… 195

本章小结 ……………………… 196

## 第 29 章　整洁嵌入式架构 … 197

程序适用测试 ………………… 200

目标硬件瓶颈 ………………… 202

本章小结 ……………………… 210

# 第六部分　实现细节

## 第 30 章　数据库只是实现
细节 ……………… 212

关系型数据库 ………………… 213

数据库系统为什么如此流行 ……… 213

假如没有磁盘 ……………………… 214

实现细节 …………………………… 215

数据存储的性能 …………………… 215

轶事 ………………………………… 215

本章小结 …………………………… 217

**第 31 章　Web 只是实现细节** … 218

无尽的钟摆 ………………………… 219

要点 ………………………………… 220

本章小结 …………………………… 221

**第 32 章　应用程序框架只是**
　　　　　**实现细节** ………………… 222

框架开发者 ………………………… 223

不对等的关系 ……………………… 223

风险 ………………………………… 224

解决方案 …………………………… 224

主动做出选择 ……………………… 225

本章小结 …………………………… 225

**第 33 章　案例研究：**
　　　　　**视频销售** ………………… 226

产品 ………………………………… 227

用例分析 …………………………… 227

组件架构 …………………………… 228

依赖管理 …………………………… 230

本章小结 …………………………… 230

**第 34 章　细节决定成败** ………… 231

按层组包 …………………………… 232

按功能组包 ………………………… 233

端口和适配器 ……………………… 234

按组件组包 ………………………… 235

实现细节 …………………………… 239

组织方式与封装 …………………… 239

其他解耦模式 ……………………… 242

本章小结 …………………………… 243

**附录　架构考古学** ………………… 244

第一部分 *Part 1*

# 概　述

- 第 1 章　架构与设计
- 第 2 章　两种价值维度

编写并调试一段代码直到成功运行并不需要特别高深的知识和技能，一名普通高中生也可以做到。有的大学生甚至通过拼凑一些 PHP 或 Ruby 代码就可以创办一个市值 10 亿美元的公司。想象一下，世界上有成群的初级程序员挤在大公司的隔板间里，日复一日地用蛮力将记录在大型问题跟踪系统里的巨型需求文档一点点转化为能实际运行的代码。他们写出的代码可能不够优美，但是确实能够正常工作。因为创造一个能正常运行的系统——哪怕只成功运行一次——并不是一件特别困难的事。

但是将软件架构设计做好就完全另当别论了。软件架构设计是一件非常困难的事情，这通常需要大多数程序员所不具备的经验和技能。同时，也不是所有人都愿意花时间来学习和钻研这个方向。做一个好的软件架构师所需要的自律和专注程度可能会让大部分程序员始料未及，更别提软件架构师这个职业本身的社会认同感与人们投身其中的热情了。

但是，一旦将软件架构做好，你就能立即体会到其中的奥妙：维持系统正常运转再也不需要成群的程序员了，每个变更的实施也不再需要巨大的需求文档和复杂的任务追踪系统了，程序员们再也不用挤在全球各地的隔板间里疯狂地加班写代码了。

采用好的软件架构可以大大节省软件项目构建与维护的人力成本。让每次变更都短小简单、易于实施，并且避免缺陷。用最小的成本、最大程度地满足功能性和灵活性的要求。

是的，这可能有点像童话故事一样不可信，但这又确实是我的亲身经历。我曾经见过因为采用了好的软件架构设计，使得整个系统构建更简单、维护更容易的情况。我也见过因为采用了好的软件架构设计，整个项目最终比预期所使用的人力资源更少，而且更快地完成了。我真真切切地体会过，好的软件架构设计为整个系统所带来的翻天覆地变化。

请回想一下自己的亲身经历，你肯定经历过这样的情景：某个系统因为其组件错综复杂、相互耦合紧密，而导致不管多么小的改动都需要数周的恶战才能完成。又或是某个系统中到处充满了拙劣的设计和糟糕的堆积代码，导致处处都是问题。再或者，你有没有见过哪个系统的设计如此之差，让整个团队的士气低落、客户天天痛苦、项目经理们手足无措？你有没有见过某个软件系统因其架构腐化不堪而导致团队流失、部门解散，甚至公司倒闭？作为一名程序员，你在编程时体会过那种煎熬的感觉吗？

以上这些我都切身体会过。我相信绝大部分读者也或多或少会有共鸣。好的软件架构太难得，我们职业生涯的大部分时间可能都在和糟糕的架构设计做斗争，而没有机会享受优美的架构设计带来的乐趣。

第 **1** 章

# 架构与设计

一直以来，架构（Architecture）与设计（Design）这两个概念让大多数人十分困惑——什么是设计？什么是架构？二者究竟有什么区别？

本书的一个重要的目标就是清晰、明确地对二者进行定义。首先，明确地说，二者没有任何区别。

"架构"这个词往往使用在"高层级"的讨论中。这类讨论一般都把"底层"的实现细节排除在外。而"设计"一词，往往用来指代具体的系统底层组织结构和实现的细节。但是，从一个真正的系统架构师的日常工作来看，这样的区分是根本不成立的。

以设计新房子的建筑设计师要做的事情为例。新房子当然是存在着既定架构的，但这个架构具体包含哪些内容呢？首先，它应该包括房屋的形状、外观设计、垂直高度、房间的布局等。但是，如果查看建筑设计师使用的图纸，会发现其中也充满着大量的设计细节。比如，我们可以看到每个插座、开关以及每个电灯具体的安装位置，同时也可以看到某个开关与所控制电灯的具体连接信息；我们也能看到壁炉的具体安装位置、热水器的大小和位置信息，甚至是污水泵的位置；同时也可以看到关于墙体、屋顶和地基的详细建造说明。

简而言之，架构图中实际上包含了所有的底层设计细节，这些细节信息共同支撑了顶层的架构设计，底层设计信息和顶层架构设计共同组成了整个房屋的架构文档。

软件设计也是如此。底层设计细节和高层架构信息是不可分割的。它们组合在一起，共同定义了整个软件系统，缺一不可。所谓的底层和高层本身就是一系列决策组成的连续体，并没有清晰的分界线。

## 我们的目标是什么

所有这些决策的终极目标是什么呢？一个好的软件设计的终极目标是什么呢？目标无疑就是：用最小的人力成本来满足构建和维护该系统的需求。

一个软件架构的优劣，可以用它满足用户需求所需要的成本来衡量。如果该成本很低，并且在系统的整个生命周期内一直都能维持这样的低成本，那么这个系统的设计就是良好的。如果该系统的每次发布都会提升下一次变更的成本，那么这个设计就是不好的。就这么简单。

## 案例学习

举个例子，考虑下面的案例研究。它包含了一家公司的真实数据，该公司希望保持匿名。

首先，我们来看一下工程师团队的人员增长。你肯定认为这个增长趋势是特别可喜的，如图 1.1 中的这种增长线条一定是公司业务取得巨大成功的直观体现。

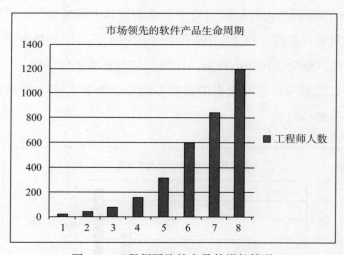

图 1.1　工程师团队的人员的增长情况

此内容已获得 Jason Gorman 幻灯片演示的授权。

现在再让我们来看一下整个公司同期的生产效率（productivity），这里用简单的代码行数作为指标（见图 1.2）。

这明显是有问题的。伴随着产品的每次发布，公司的工程师团队在持续不断地扩展壮大，但是仅从代码行数的增长来看，该产品的代码增长似乎已经趋近一个渐近线。

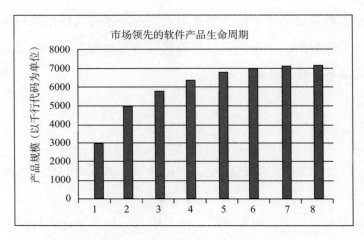

图 1.2 同一时间段的生产效率

图 1.3 展示的是同期内每行代码的变更成本，其中的趋势是不可持续的。不管公司现在的利润率有多高，图 1.3 中矩形线条表明，按这个趋势下去，公司的利润会被一点点消耗，整个公司会因此陷入困境，甚至直接关门倒闭。

究竟是什么因素导致生产效率的大幅变化呢？为什么第 8 代产品的构建成本要比第 1 代产品高 40 倍？

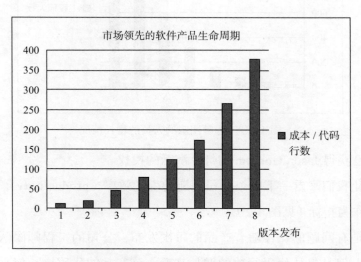

图 1.3 随时间变化的每行代码成本

### 混乱系统的特点

我们在这里看到的是一个典型的混乱系统。这种系统一般都是没有经过设计、匆匆忙忙构建起来的。然后为了加快发布的速度，不断地向团队里加入新人，同时加上决策层对代码质量提升和设计结构优化存在着持续的、长久的忽视，这种发展状态也就不足为怪了。

图 1.4 展示了系统开发者的生产效率。他们一开始的效率都接近 100%，然而伴随着每次产品的发布，他们的生产效率直线下降。到了产品的第 4 版本时，很明显大家的生产力已经不可避免地趋近为零了。

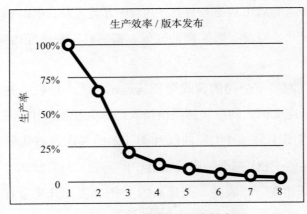

图 1.4　发布版本的生产效率

对系统的开发者来说，这会带来很大的挫败感，因为团队中并没有人偷懒，每个人还都是和之前一样在努力工作。

然而，不管他们投入了多少个人时间、救了多少次火、加了多少次班，他们的产出始终得不到提升。工程师的大部分时间都消耗在对现有系统的修修补补上，而不是真正实现实际的新功能。这些工程师真正的任务是：拆了东墙补西墙，周而往复，偶尔有精力顺便实现一点微不足道的小功能。

### 管理层的视角

如果你觉得开发者们这样就已经足够辛苦了，那么就再想想公司高管们的感受吧！如图 1.5 为该部门月工资同期图。

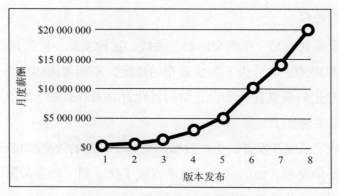

图 1.5　按发布月份计算的薪酬

如你所见，产品的第 1 版是在月总工资 10 万美元左右的时候上线的。第 2 版又花掉了几十万美元。当发布第 8 版的时候，部门月工资已经达到了 2 千万美元，而且还在持续上升。

也许我们可以期望该公司的营收增长远远超出成本增长，这样公司就还能维持正常运转。但是这么惊人的曲线还是值得我们深入挖掘其中存在的巨大问题的。

现在，只要将图 1.5 的月工资曲线和图 1.2 的每次发布代码行数曲线对比一下，任何一个理性的 CEO 都会一眼看出其中的问题：最开始的十几万美元工资给公司带来了很多新功能、新收益，而最后的 2 千万美元几乎全打了水漂。高管们应立刻采取行动解决这个问题，刻不容缓。

但是具体采取什么样的行动才能解决问题呢？究竟问题出在哪里？是什么导致了工程师生产力的直线下降？

**问题到底在哪里？**

大约 2600 年前，《伊索寓言》里写到了龟兔赛跑的故事。这个故事的主题思想可以归纳为以下几种：

- ❑ 慢但是稳，是成功的秘诀。
- ❑ 行军打仗，并不是拼谁开始跑得快，也不是拼谁更有耐力。
- ❑ 越匆忙，进展越慢。

这个故事本身揭露的是过度自信的愚蠢行为。兔子由于对自己速度的过度自信，没有把乌龟当回事，结果乌龟爬过终点线取得胜利的时候，它还在睡觉。

这和现代软件研发工作有点类似，现在的软件研发工程师都有点过于自信，但持续低估了那些设计良好且整洁的代码的重要性。

这些工程师们普遍认为："我们可以在未来再重构代码，产品上线最重要！"但是结果大家都知道，产品上线以后重构工作就再没人提起了。市场的压力永远也不会消退，作为首先上市的产品，后面有无数的竞争对手追赶，必须要比他们跑得更快才能保持领先。

所以，重构的时机永远不会再有了。工程师们忙于完成新功能，新功能做不完，哪有时间重构老的代码。循环往复，系统成了一团乱麻，主产效率持续直线下降，直至为零。

结果就像龟兔赛跑中过于自信的兔子一样，软件研发工程师们对自己保持高产出的能力过于自信了。但是乱成一团的系统代码可没有休息时间，也不会放松。如果不严加提防，在几个月之内，整个研发团队就会陷入困境。

工程师们还常有这样的错误观点："在工程中容忍糟糕的代码可以在短期内加快该工程上线的速度，未来这些代码会导致一些额外的工作量，但是并没有什么大不了。"相信这些话的工程师对自己清理乱麻代码的能力过于自信了。更重要的是，他们还忽视了一个自然规律：无论是从短期还是长期来看，胡乱编写代码的工作速度其实比循规蹈矩更慢。

图 1.6 展示的是 Jason Gorman 进行的一次为期 6 天的实验。在该实验中，Jason 每天都编写一段代码，功能是将一个整数转化为相应罗马数字的字符串。当事先定义好的一个测试集完全通过时，即认为当天工作完成。每天实验的时长不超过 30 分钟。第一天、第三天和第五天，Jason 在编写代码的过程中采用了业界知名的优质代码方法论：测试驱动开发（TDD），而其他三天他直接从头开始编写代码。

首先，我们要关注的是图 1.6 中那些柱状图。很显然，时间越往后，完成工作所需的时间就越少。同时，我们也可以看到当人们采用了 TDD 方法编程后，一般就会比未采用 TDD 方法编程少用 10% 的时间，并且采用 TDD 方法编程时最差的一天也比未采用 TDD 方法编程时最好的一天用时要短。

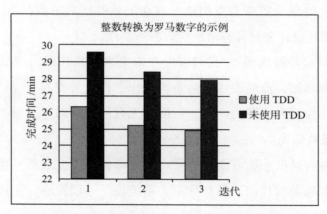

图 1.6　迭代次数和使用 / 未使用 TDD 的完成时间

综上所述，管理层扭转局面的唯一选择就是改变开发者的观念。当然，某些软件研发工程师可能会认为挽救一个系统的唯一办法是抛弃现有系统，设计一个全新的系统来替代。但是这里仍然没有逃离过度自信。试问：如果是工程师的过度自信导致了目前的一团乱麻，重新开始，结果就会变好吗？现实是他们的过度自信会使得重新设计陷入与原始项目同样的混乱。

## 本章小结

不管哪种情况，最好的选择是使研发团队清晰地认识并避免过度自信，开始时便认真地对待自己的代码架构，对其质量负责。

要想提高软件架构的质量，就需要首先知道什么是优秀的软件架构。而为了在系统构建过程中采用好的设计和架构以便减少构建成本、提高生产效率，又需要了解系统架构的各种属性与成本和生产效率的关系。

# 第 2 章

# 两种价值维度

软件系统的实际价值通过行为和架构两个维度来体现。软件研发人员往往只关注一个维度，而忽视了另外一个维度。更不幸的是，他们常常关注的还是错误的维度，这导致了系统的价值最终趋近于零。

## 行为价值

软件系统的行为是其最直观的价值维度。程序员的工作就是让机器按照某种指定方式运转，给系统的使用者创造利润或者提高利润。程序员们为了达到这个目的，往往需要一个对系统功能的定义，也就是需求文档。然后，程序员们再把需求文档转化为实际的代码。

当机器出现异常行为时，程序员要负责调试，解决这些问题。

大部分程序员认为这就是他们的全部工作。他们的工作是且仅是：按照需求文档编写代码，并且修复任何漏洞。这真是大错特错。

## 架构价值

软件系统的第二个价值维度，就体现在软件这个英文单词上：software。"ware"的意思是"产品"，而"soft"的意思，不言而喻，是指软件的灵活性。

软件系统必须保持灵活。软件发明的目的，就是让我们可以以一种灵活的方式来改变机器的工作行为。对机器上那些很难改变的工作行为，我们通常称之为硬件（hardware）。因此，软件系统必须够"软"也就是说，软件应该容易被修改。当需求方改变需求的时候，随之所需的软件变更必须可以简单而方便地实现。变更实施的难度应该正比于变更的范畴，而与变更的具体形状无关。

需求变更的范畴与形状，是决定对应软件变更实施成本高低的关键。这也是为什么第二年的研发成本比第一年的高很多，第三年又比第二年更高。

从系统相关方（Stakeholder）的角度来看，他们所提出的一系列变更需求的范畴都是类似的，因此成本也应该是固定的。但是从研发者角度来看，系统用户持续不断地变更需求就像是要求他们不停地用一堆不同形状的拼图块来拼成一个新的形状。整个拼图的过程越来越困难，因为现有系统的形状永远和需求的形状不一致。

我们在这里使用了"形状"这个词，这可能不是该词的标准用法，但是其寓意应该很明确。毕竟，软件工程师们经常会觉得自己的工作就是把方螺丝拧到圆螺丝孔里面。

问题的实际根源当然就是系统的架构设计。如果系统的架构设计偏向某种特定的"形状"，那么新的变更就会越来越难以实施。所以，好的系统架构设计应该尽可能做到与"形状"无关。

## 哪个价值维度更重要

那么，究竟是系统行为更重要，还是系统架构的灵活性更重要？哪个价值更大？系统正常工作更重要，还是系统易于修改更重要？

如果这个问题由业务部门来回答，他们通常认为系统正常工作更重要。系统开发人员常常也就跟随采取了这种态度。但是这种态度是错误的。下面用简单的逻辑推导来证明这种态度的错误性。

如果某程序可以正常工作，但是无法修改，那么当需求变更的时候它就不再能够正常工作了，我们也无法通过修改让它能继续正常工作。因此，这个程序就毫无价值。

如果某程序目前无法正常工作，但是我们可以很容易地修改它，那么将它改好，并且随着需求变化不停地修改它，都应该是很容易的事。因此，这个程序会持续产生价值。

当然，上面的逻辑论断可能不足以说服大家。但是，现实中有一些系统确实无法更改，因为其变更实施的成本会远远超过变更带来的价值。你在实际工作中一定遇到过很多这样的例子。

如果你问业务部门，是否想要能够变更需求，他们的回答一般是肯定的，而且他们会增加一句：完成现在的功能比实现未来的灵活度更重要。但讽刺的是，如果事后业务部门提出了一项需求，而你的预估工作量大大超出他们的预期，他们通常会对你放任系统混乱到无法变更的状态而勃然大怒。

## 艾森豪威尔矩阵

我们来看美国前总统艾森豪威尔的紧急 / 重要矩阵（见图 2.1），面对这个矩阵，艾森豪威尔曾说道：我有两种难题，紧急的和重要的。紧急的难题永远是不重要的，重要的难题永远是不紧急的。⊖

| | |
|---|---|
| 重要且紧急 | 重要不紧急 |
| 不重要但紧急 | 不重要且不紧急 |

图 2.1　艾森豪威尔矩阵

确实，紧急的事情常常没那么重要，而重要的事情则似乎永远也排不上优先级。

软件系统的第一个价值维度：系统行为，是紧急的，但是并不总是特别重要。

软件系统的第二个价值维度：系统架构，是重要的，但是并不总是特别紧急。

当然，我们会有些重要且紧急的事情，也会有一些事情不重要也不紧急。那么可做如下排序：

❑ 重要且紧急；

❑ 重要不紧急；

❑ 不重要但紧急；

❑ 不重要且不紧急。

在这里你可以看到，软件的系统架构——那些重要的事情——占据了上述前

---

⊖　来自 1954 年在西北大学的一次演讲。

两位，而系统行为——那些紧急的事情——只占据了第一和第三位。

业务部门与研发人员经常犯的共同错误就是将第三优先级的事情提到第一优先级去做。换句话说，他们没有把真正紧急并且重要的功能和紧急但是不重要的功能分开。这个错误导致了重要的事被忽略了，重要的系统架构问题让位给了不重要的系统行为功能。

但研发人员还忽略了一点，那就是业务部门原本就没有能力评估系统架构的重要程度，这本来就应该是研发人员自己的工作职责！所以，平衡系统架构的重要性与功能的紧急程度这件事，是软件研发人员的职责。

## 为架构而战

为了履行上述职责，软件团队必须做好斗争的准备——或者说"长期抗争"的准备。现状就是这样。研发团队必须从公司长远利益出发与其他部门抗争，这和管理团队的工作一样，甚至市场团队、销售团队、运营团队都是这样。公司内部的抗争本来就是无止境的。

有成效的软件研发团队会迎难而上，毫不掩饰地与所有其他的系统相关方进行平等的争吵。请记住，作为一名软件开发人员，你也是相关者之一。软件系统的可维护性需要由你来保护，这是你角色的一部分，也是你职责中不可缺少的一部分。公司雇佣你的很大一部分原因就是需要有人来做这件事。

如果你是软件架构师，那么这项工作就更加重要了。软件架构师这一职责本身就应更关注系统的整体结构，而不是具体的功能和系统行为的实现，软件架构师必须创建一个可以让功能实现起来更容易、修改起来更简单、扩展起来更轻松的软件架构。

请记住：如果忽视软件架构的价值，系统将会变得越来越难以维护，终会有一天，系统将会变得再也无法修改。如果系统变成了这个样子，那么说明软件开发团队没有和需求方进行足够的抗争，没有完成自己应尽的职责。

第二部分 *Part 2*

# 从基础构件开始：
# 编程范式

- 第 3 章 范式概述
- 第 4 章 结构化编程
- 第 5 章 面向对象编程
- 第 6 章 函数式编程

任何软件架构的实现都离不开具体的代码，所以我们对软件架构的讨论应该从第一行被写下的代码开始。

1938 年，艾伦·图灵（Alan Turing）奠定了计算机编程的基础。尽管他并不是第一个发明可编程机器的人，但却是第一个提出"程序即数据"的人。到 1945 年时，图灵已经在真实计算机上编写了真实的、我们现在也能看懂的计算机程序了。这些程序中用到了循环、分支、赋值、调用、栈等如今我们都很熟悉的程序结构。而图灵用的编程语言就是简单的二进制数序列。

从那时到现在，编程领域历经了数次变革，其中我们都很熟悉的就是编程语言的变革。首先是在 20 世纪 40 年代末期出现了汇编器（assembler），它能自动将一段程序转化为相应的二进制数序列，大大解放了程序员。然后到 1951 年，Grace Hopper 发明了世界上第一个编译器（compiler）A0。事实上，编译器这个名字就是他定义和推广使用的。再接着到了 1953 年，FORTRAN 面世了。接下来就是层出不穷的新编程语言了，比如 COBOL、PL/1、SNOBOL、C、Pascal、C++、Java 等，不胜枚举。

除此之外，计算机编程领域还经历了另外一个更巨大、更重要的变革，那就是编程范式（paradigm）的变迁。编程范式指的是程序的编写模式，与具体的编程语言关系相对较小。这些范式明确了应该在什么时候采用什么样的代码结构。直到今天，一共只有三个编程范式，而且未来几乎不可能再出现新的，接下来我们将讨论一下原因。

第 **3** 章

# 范 式 概 述

本章将讲述三个编程范式，它们分别是结构化编程（structured programming）、面向对象编程（object-oriented programming）和函数式编程（functional programming）。

## 结构化编程

第一个范式是结构化编程，但结构化编程不是第一个被发明的，它由 Edsger Wybe Dijkstra 于 1968 年最先提出。与此同时，Dijkstra 还论证了使用 goto 这样的无限制跳转语句会损害程序的整体结构。接下来的章节我们还会说到，Dijkstra 是最先主张用我们现在熟知的 if/then/else 语句和 do/while/until 语句来代替跳转语句的。

我们可以将结构化编程范式归结为一句话：

结构化编程对程序控制权的直接转移进行了限制和规范。

## 面向对象编程

说到编程领域中第二个广泛采用的编程范式，当然就是面向对象编程了。事实上，这个编程范式的提出比结构化编程还早了两年，是在 1966 年由 Ole Johan Dahl 和 Kriste Nygaard 在论文中总结归纳出来的。这两个程序员注意到在 ALGOL 语言中，函数调用堆栈（call stack frame）可以移动到堆内存区域里，这样函数定义的本地变量就可以在函数返回之后继续存在。这个函数就成了一个类（class）的构造函数，而它所定义的本地变量就是类的成员变量，构造函数定义的嵌套函数就成了成员方法（method）。这样一来，我们就可以利用多态（polymorphism）来限制用户对函数指针的使用。

在这里，我们也可以用一句话来总结面向对象编程：

面向对象编程对程序控制权的间接转移进行了限制和规范。

## 函数式编程

虽然第三个编程范式是近些年才开始采用，但它却是三个范式中最先被发明的。事实上，函数式编程概念是与阿兰·图灵同时代的数学家 Alonzo Church 在 1936 年发明的 λ 演算（l-calculus）的直接衍生物。1958 年 John Mccarthy 利用其作为基础发明了 LISP 语言。众所周知，λ 演算法的一个核心思想是不可变性——某个符号所对应的值是永远不变的，所以从理论上来说，函数式编程语言中应该是没有赋值语句的。大部分函数式编程语言只允许在非常严格的限制条件下，才可以更改某个变量的值。

因此，我们在这里可以将函数式编程范式总结为：函数式编程对程序中的赋值进行了限制和规范。

## 思想小插曲

如上所述，在介绍三个编程范式的时候，有意采用了上面这种格式，目的是凸显每个编程范式的实际含义——它们都从某一方面限制和规范了程序员的能力。没有一个范式是增加新能力的。也就是说，每个编程范式的目的都是设置限制。这些范式主要是为了告诉我们不能做什么，而不是可以做什么。

另外，我们应该认识到，这三个编程范式分别限制了 goto 语句、函数指针和赋值语句的使用。那么除此之外，还有什么可以限制的吗？

可能没有了。如果从限制能力的维度看，编程范式仅有这三种。支撑这一结论的另外一个证据是，三个编程范式都是在 1958 ～ 1968 年这 10 年间被提出来的，后续再也没有新的编程范式出现过。

## 本章小结

大家可能会问，这些编程范式的历史知识与软件架构有关系吗？当然有，而且关系相当密切。比如说，多态是我们跨越架构边界的手段，函数式编程是我们规范和限制数据存放位置与访问权限的手段，结构化编程则是各模块的算法实现基础。

注意这和软件架构的三大关注重点不谋而合：功能性、组件独立性以及数据管理。

第 **4** 章

# 结构化编程

Edsger Wybe Dijkstra 于 1930 年出生在荷兰鹿特丹。生于乱世，他亲身经历了第二次世界大战中的鹿特丹大轰炸、德国占领荷兰等事件。1948 年，他以数学、物理、化学以及生物全满分的成绩高中毕业。1952 年 3 月，年仅 21 岁的 Dijkstra（此时距离我出生还有 9 个月时间）入职荷兰阿姆斯特丹数学中心，成了荷兰的第一个程序员。

1955 年，在从事编程工作 3 年之后，当时还是一个学生的 Dijkstra 就认为编程相比理论物理更有挑战性，因此他选择将编程作为终身职业。

1957 年，Dijkstra 与 Maria Debets 结婚了。在当时的荷兰，新郎新娘必须在结婚仪式上公布自己的职业。而当时的荷兰官方政府拒绝承认"程序员"这一职业，因为他们从来没有听说过。最终 Dijkstra 不得不继续使用"理论物理学家"这一职位名称。

Dijkstra 和他的老板 Adriaan van Wijingaarden 曾经讨论过将"程序员"当作终身职业这件事，Dijkstra 最担心的是由于没有人认真地对待编程这件事或者将它当作是一门学术学科对待，他的科研成果可能将不会得到认真对待。而 Adriaan 则建议 Dijkstra：为什么不亲自去开创这门学科呢？

当时还是真空管阶段。计算机体积巨大，运行缓慢，还非常容易出故障，功能（与今天对比）十分有限。人们还是直接使用二进制数，或者使用非常原始的汇编语言编程。计算机的输入方式则还是用纸卷带或者是打孔卡片。要想执行完整的编辑、编译、测试流程是非常耗时的，通常需要数小时或者数天才能完成。

Dijkstra 就是在这样原始的条件下做出其非凡成就的。

## 可推导性

Dijkstra 很早就得出的结论是：编程是一项难度很大的活动。一段程序无论复杂与否，都包含了很多的细节信息。如果没有工具的协助，这些细节的信息是远远超过一个程序员的认知能力范围的。而在一段程序中，哪怕仅仅是一个小细节的错误，也会导致整个程序出错。

Dijkstra 提出的解决方案是采用数学推导方法。他的想法是借鉴数学中的公理（Postulate）、定理（Theorem）、推论（Corollary）和引理（Lemma），形成一种欧几里得（Euclidian）结构。Dijkstra 认为程序员可以像数学家一样对自己的程序进行推理证明。换句话说，程序员可以用代码将一些已证明可用的结构串联起来，只要自行证明这些额外代码是正确的，就可以推导出整个程序的正确性。

当然，在这之前，必须先展示如何推导证明简单算法的正确性，这本身就是一件极具挑战性的工作。

Dijkstra 在研究过程中发现了一个问题：goto 语句的某些用法会导致某个模块无法被递归拆分成更小的、可证明的单元，这会导致无法采用分解法来将大型问题进一步拆分成更小的、可证明的部分。

goto 语句的其他用法虽然不会导致这种问题，但是 Dijkstra 意识到它们的实际效果其实和更简单的分支结构 if-then-else 以及循环结构 do-while 是一致的。如果代码中只采用了这两类控制结构，则一定可以将程序分解成更小的、可证明的单元。

事实上，Dijkstra 很早就知道将这些控制结构与顺序结构的程序组合起来很有用。因为在两年前，Bohm 和 Jocopini 刚刚证明了人们可以用顺序结构、分支结构、循环结构这三种结构构造出任何程序。

这个发现非常重要：因为它证明了我们构建可推导模块所需的控制结构集与构建所有程序所需的控制结构集的最小集是等同的。这样一来，结构化编程就诞生了。

Dijkstra 展示了顺序结构的正确性可以通过枚举法证明，其过程与其他一般的数学推导过程是一样的：针对序列中的每个输入，跟踪其对应输出值的变化就可以了。

同样，Dijkstra 利用枚举法又证明了分支结构的可推导性。因为我们只要能用枚举法证明分支结构中每条路径的正确性，自然就可以推导出分支结构本身的正确性。

循环结构的证明过程则有所不同，为了证明一段循环程序的正确性，Dijkstra

需要采用数学归纳法。具体来说就是，首先要用枚举法证明循环 1 次的正确性。接下来再证明如果循环 *N* 次是正确的，那么循环 *N*+1 次也同样也是正确的。最后还要用枚举法证明循环结构的起始与结束条件的正确性。

尽管这些证明过程本身非常复杂和烦琐，但确实是完备的。有了这样的证明过程，用欧几里得层级构造定理的方式来验证程序正确性的目标，貌似就近在咫尺了。

## 有害的 goto

1968 年，Dijkstra 曾经给 CACM 的编辑写过一封信。这封信后来发表于 CACM 3 月刊，标题是 *Go To Statement Considered Harmful*，Dijkstra 在信中具体描绘了他对三种控制结构的看法。

编程界瞬间燃起了熊熊烈火。由于当时还没有互联网，大家还不能直接上网发帖来对 Dijkstra 进行冷嘲热讽，他们唯一能做的，也是大部分人的选择，就是不停地给各种公开发表的报刊的编辑们写信。

可想而知，有的信件的措辞并不那么友善，甚至是非常负面的。但是，也不乏强烈支持者。总之，这场火热的辩论持续了大约 10 年。

当然，这场辩论最终还是逐渐停止了。原因很简单：Dijkstra 是对的。随着编程语言的演进，goto 语句的重要性越来越小，最终甚至消失了。如今大部分的现代编程语言中都已经没有了 goto 语句。哦，对了，LISP 里从来就没有过！

现如今，无论是否自愿，我们都是结构化编程范式的践行者了，因为我们用的编程语言基本上都已经禁止了不受限制的直接控制转移语句。

或许有些人会指出，Java 中的命名的 break 语句或者 exception 都和 goto 很类似。这些语法结构与旧编程语言（类似 FORTRAN 和 COBOL）中的完全无限制的 goto 语句并不一样。就算那些还支持 goto 关键词的编程语言，也通常将目标限制在当前函数范围内。

## 功能性降解拆分

既然结构化编程范式可将模块递归降解拆分为可推导的单元，这就意味着模块可以按功能进行降解拆分。这样一来，我们就可以将一个大型问题拆分为一系列高级函数的组合，而这些高级函数各自又可以继续被拆分为一系列低级函数，如此无限递归。更重要的是，每个被拆分出来的函数也都可以用结构化编程范式书写。

以此为理论基础，结构化分析与结构化设计在 20 世纪 70 年代晚期到 80 年代中期开始流行起来。Ed Yourdon、Larry Constantine、Tom DeMarco 以及 Meilir Page Jones 在这期间为此做了很多推广工作。通过采用这些技巧，程序员可以将大型系统设计拆分为模块和组件，而这些模块和组件最终可以拆分为更小的、可证明的函数。

## 形式化证明没有发生

但是，人人都用完整的形式化证明的一天没有到来。大部分人不会真的按照欧几里得结构为每个小函数书写冗长且复杂的正确性证明过程。Dijkstra 的梦想最终并没有实现。没有几个当代程序员会认为形式化验证是产出高质量软件的必备条件。

当然，形式化、欧几里得式的数学推导证明并不是证明结构化编程正确性的唯一手段。还有另外一个十分成功的策略：科学证明法。

## 依靠科学来拯救

科学和数学在证明方法上有着根本性的不同，科学理论和科学定律通常是无法被证明的，如我们并没有办法证明牛顿第二运动定律 $F=ma$ 或者万有引力定律 $F=Gm_1m_2/r^2$ 是正确的，但我们可以用实际案例来演示这些定律的正确性，并通过高精度测量来证明当相关精度达到小数点后多少位时，被测量对象仍然一直满足这个定律。但我们始终没有办法像用数学方法一样推导出这个定律。而且，不管我们进行多少次正确的实验，也无法排除今后会存在某一次实验可以推翻牛顿第二运动定律与万有引力定律的可能性。

这就是科学理论和科学定律的特点：它们可以被证伪，但是没有办法被证明。

但是我们仍然每天都在依赖这些定律生活。开车的时候，我们就等于是在用性命证明 $F=ma$ 是对世界运转方式的一个可靠描述。每当我们迈出一步的时候，就等于在亲身证明 $F=Gm_1m_2/r^2$ 是正确的。

科学方法论不需要证明某条结论是正确的，只需要想办法证明它是错误的。如果某个结论经过一定的努力无法证伪，我们则认为它在当下是足够正确的。

当然，不是所有的结论都可以被证明或者证伪的。举一个最简单的不可证明的例子："这句话是假的"，非真也非伪。

最终，我们可以说数学是要将可证明的结论证明，而与之相反，科学研究则是要将可证明的结论证伪。

## 测试

Dijkstra 曾经说过"测试只能展示 Bug 的存在，并不能证明不存在 Bug"，换句话说，一段程序可以由一个测试来证明其错误性，但是却不能被证明是正确的。测试的作用是让我们得出某段程序已经足够实现当前目标这一结论。

这一事实所带来的影响是惊人的。软件开发虽然看起来是在操作很多数学结构，但其实并不是一个数学研究过程。恰恰相反，软件开发更像是一门科学研究学科，我们通过无法证伪来证明软件的正确性。

注意，这种证伪过程只能应用于可证明的程序上。某段程序如果是不可证明的，例如，其中采用了不加限制的 goto 语句，那么无论我们为它写多少测试，也不能够证明其正确性。

结构化编程范式促使我们先将一段程序递归降解为一系列可证明的小函数，

然后再编写相关的测试来试图证明这些函数是错误的。如果这些测试无法证伪这些函数，那么我们就可以认为这些函数是足够正确的，进而推导整个程序是正确的。

## 本章小结

结构化编程范式中最有价值的地方就是，它赋予了我们创造可证伪程序单元的能力。这就是为什么现代编程语言一般不支持无限制的 goto 语句。更重要的是，这也是为什么在架构设计领域，功能性降解拆分仍然是最佳实践之一。

无论在哪一个层面上，从最小的函数到最大组件，软件开发的过程都和科学研究非常类似，它们都是由证伪驱动的。软件架构师需要定义可以方便地进行证伪（测试）的模块、组件以及服务。为了达到这个目的，他们需要将类似结构化编程的限制方法应用在更高的层面上。

在接下来的章节中我们将会深入研究这些限制性的方法。

第 **5** 章

# 面向对象编程

正如我们将会看到的那样，设计一个优秀的软件架构要基于对面向对象设计（Object-Oriented Design）的深入理解及应用。但我们首先需要明白一个问题：究竟什么是面向对象？

对于这个问题，一种常见的回答是"数据与函数的组合"。这种说法虽然被广为引用，但总显得并不是那么贴切，因为它似乎暗示了 $o.f()$ 与 $f(o)$ 之间是有区别的，这显然与事实不符。面向对象理论是在 1966 年提出的，当时 Dahl 和 Nygaard 主要是将函数调用栈迁移到了堆区域中。数据结构被用作函数的调用参数这件事情远比这发生的时间更早。

另一种常见的回答是"面向对象编程是一种对真实世界进行建模的方式"，这种回答只能算避重就轻。"对真实世界的建模"到底要如何进行？我们为什么要这么做，有什么好处？也许这句话意味着"采用面向对象方式构建的软件与真实世界的关系更紧密，所以面向对象编程可以使软件开发更容易"——即使这样说，也仍然逃避了关键问题——面向对象编程究竟是什么？

还有些人在回答这个问题的时候，往往会使用一些神秘的词语，如封装（encapsulation）、继承（inheritance）、多态（polymorphism）。其隐含意思就是面向对象编程是这三项的有机组合，或者任何一种支持面向对象的编程语言必须支持这三个特性。

那么，我们接下来可以逐个分析一下这三个概念。

## 什么是封装

封装这个概念经常被引用为面向对象编程定义的一部分。通过采用封装特性，我们可以把一组相关联的数据和函数圈起来，这个圈外面的代码只能看见部分函数，数据则完全不可见。比如在实际应用中，类（class）中的公共函数和私有成员变量就是这样。

然而，这个特性其实并不是面向对象编程所独有的。其实，C 语言也支持完整的封装，下面来看一个简单的 C 程序：

```
point.h
struct Point;
struct Point* makePoint(double x, double y);
double distance (struct Point *p1, struct Point *p2);
```

```
point.c
#include "point.h"
#include <stdlib.h>
#include <math.h>

struct Point {
  double x,y;
};

struct Point* makepoint(double x, double y) {
  struct Point* p = malloc(sizeof(struct Point));
  p->x = x;
  p->y = y;
  return p;
}

double distance(struct Point* p1, struct Point* p2) {
  double dx = p1->x - p2->x;
  double dy = p1->y - p2->y;
  return sqrt(dx*dx+dy*dy);
}
```

显然，使用 point.h 的程序是没有 Point 结构体成员的访问权限的。它们只能调用 makepoint() 函数和 distance() 函数，但对它们来说，Point 这个数据结构体的内部细节，以及函数的具体实现方式都是不可见的。

这是完美的封装方式，虽然使用的不是面向对象语言。上述 C 程序是很常见的，在头文件中进行数据结构以及函数定义的前置声明（forward declare），然后在程序文件中具体实现。程序文件中的具体实现细节对使用者来说是不可见的。

而 C++ 作为一种面向对象编程语言，反而破坏了 C 的完美封装性。

由于某些编译器自身的技术实现原因，C++ 编译器<sup>⊖</sup>要求类的成员变量必须在该类的头文件中声明。这样一来，我们的 point.h 程序随之就改成了这样：

```
point.h
class Point {
public:
```

---

⊖　C++ 编译器需要知道每个类的实例大小。

```
    Point(double x, double y);
    double distance(const Point& p) const;

private:
    double x;
    double y;
};
```

point.cc

```
#include "point.h"
#include <math.h>

Point::Point(double x, double y)
: x(x), y(y)
{}

double Point::distance(const Point& p) const {
    double dx = x-p.x;
    double dy = y-p.y;
    return sqrt(dx*dx + dy*dy);
}
```

好了，point.h 文件的使用者现在知道成员变量 x 和 y 的存在了！虽然编译器会禁止对这两个变量的直接访问，但是使用者仍然知道了它们的存在。而且，如果 x 和 y 变量名称改变了，point.cc 也必须重新编译才行！这样的封装性显然是不完美的。

当然，C++ 通过在编程语言层面引入 public、private、protected 这些关键词，部分维护了封装性。但所有这些都是为了解决编译器自身的技术实现问题而引入的 hack——编译器由于技术实现原因必须在头文件中看到成员变量的定义。

而 Java 和 C# 则彻底抛弃了头文件与实现文件分离的编程方式，这其实进一步削弱了封装性。因为在这些语言中，我们是无法区分一个类的声明和定义的。

由于上述原因，我们很难说强封装是面向对象编程的必要条件。而事实上，有很多面向对象编程语言⊖对封装性并没有强制性的要求。

面向对象编程在应用上确实会要求程序员尽量避免破坏数据的封装性。但实际情况是，那些声称自己提供面向对象编程支持的编程语言，相对于 C 语言这种完美封装的语言而言，其封装性都被削弱了，而不是加强了。

---

⊖ 例如，Smalltalk、Python、JavaScript、Lua 和 Ruby。

## 什么是继承

　　既然面向对象编程语言并没有提供更好的封装性，那么在继承性方面的表现又如何呢？

　　好吧，其实也一般。简而言之，继承的主要作用是让我们可以在某个作用域内对外部定义的某一组变量与函数进行覆盖。这事实上也是 C 程序员[○]早在面向对象编程语言发明之前就一直在做的事了。

　　下面，看一下刚才的 C 程序 `point.h` 的扩展版：

```
namedPoint.h

struct NamedPoint;

struct NamedPoint* makeNamedPoint(double x, double y, char* name);
void setName(struct NamedPoint* np, char* name);
char* getName(struct NamedPoint* np);
```

```
namedPoint.c
#include "namedPoint.h"
#include <stdlib.h>

struct NamedPoint {
  double x,y;
  char* name;
};

struct NamedPoint* makeNamedPoint(double x, double y, char* name) {
  struct NamedPoint* p = malloc(sizeof(struct NamedPoint));
  p->x = x;
  p->y = y;
  p->name = name;
  return p;
}

void setName(struct NamedPoint* np, char* name) {
  np->name = name;
}

char* getName(struct NamedPoint* np) {
  return np->name;
}
```

```
main.c

#include "point.h"
```

---

　　○　不仅仅是 C 程序员，那个时代的大多数编程语言都可以将一个数据结构伪装成另一个数据结构。

```
#include "namedPoint.h"
#include <stdio.h>

int main(int ac, char** av) {
  struct NamedPoint* origin = makeNamedPoint(0.0, 0.0, "origin");
  struct NamedPoint* upperRight = makeNamedPoint
    (1.0, 1.0, "upperRight");
  printf("distance=%f\n",
    distance(
              (struct Point*) origin,
              (struct Point*) upperRight));
}
```

请仔细观察 main 函数，这里 NamedPoint 数据结构被当作 Point 数据结构的一个衍生体来使用。之所以可以这样做，是因为 NamedPoint 结构体的前两个成员的顺序与 Point 结构体的完全一致。简单来说，NamedPoint 之所以可以被伪装成 Point 来使用，是因为 NamedPoint 是 Point 结构体的一个超集，同样两者共同成员的顺序也是一样的。

这种编程方式虽然看上去有些投机取巧，但是在面向对象理论被提出之前，这已经很常见了⊖。其实，C++ 内部就是这样实现单继承的。

因此，我们可以说，早在面向对象编程语言被发明之前，对继承性的支持就已经存在很久了。当然，这种支持用了一些投机取巧的手段，并不像如今的继承那样便利易用。而且，多重继承（multiple inheritance）如果还想用这种方法来实现，就更难了。

同时应该注意的是，在 main.c 中，程序员必须强制将 NamedPoint 的参数类型转换为 Point，而在真正的面向对象编程语言中，这种类型的向上转换通常应该是隐性的。

综上所述，我们可以认为，虽然面向对象编程在继承性方面并没有带来完全全新的东西，但是的确在数据结构的伪装性上提供了相当程度的便利性。

回顾一下到目前为止的分析，面向对象编程在封装性上得 0 分，在继承性上勉强可以得 0.5 分（假定满分是 1 分）。到目前为止，这样的得分不算太高。

下面，我们还有最后一个特性要讨论。

---

⊖ 确实如此。

# 什么是多态

在面向编程对象语言被发明之前，我们所使用的编程语言能支持多态吗？答案是肯定的，请注意看下面这段用 C 语言编写的 copy 程序：

```c
#include <stdio.h>

void copy() {
  int c;
  while ((c=getchar()) != EOF)
    putchar(c);
}
```

在上述程序中，函数 getchar() 主要负责从 STDTN 中读取数据。但是 STDLLN 究竟指代的是哪个设备呢？同样的道理，putchar() 主要负责将数据写入 STDOUT，而 STDOUT 又指代的是哪个设备呢？很显然，这类函数其实就具有多态性，因为它们的行为依赖于 STDIN 和 STDOUT 的具体类型。

这里的 STDIN 和 STDOUT 与 Java 中的接口类似，各种设备都有各自的实现。当然，这个 C 程序中是没有接口这个概念的，那么 getchar() 这个调用的动作是如何真正传递到设备驱动程序中，从而读取到具体内容的呢？

其实很简单，UNIX 操作系统强制要求每个 IO 设备都要提供 open、close、read、write 和 seek 这 5 个标准函数<sup>⊖</sup>。也就是说，每个 IO 设备驱动程序对这 5 种函数的实现在函数调用上必须保持一致。

首先，FILE 数据结构体中包含了相对应的 5 个函数指针，分别用于指向这些函数：

```c
struct FILE {
  void (*open)(char* name, int mode);
  void (*close)();
  int (*read)();
  void (*write)(char);
  void (*seek)(long index, int mode);
};
```

控制台的 IO 驱动程序将定义这些函数并加载 FILE 数据结构，其中包含它们

---

⊖ Unix 系统各不相同，这只是一个例子。

的地址。类似这样：

```
#include "file.h"

void open(char* name, int mode) {/*...*/}
void close() {/*...*/};
int read() {int c;/*...*/ return c;}
void write(char c) {/*...*/}
void seek(long index, int mode) {/*...*/}

struct FILE console = {open, close, read, write, seek};
```

现在，如果 STDIN 的定义是 FILE*，并同时指向了 console 这个数据结构，那么 getchar() 的实现方式就是这样的：

```
extern struct FILE* STDIN;

int getchar() {
    return STDIN->read();
}
```

换句话说，getchar() 只是调用了 STDIN 所指向的 FILE 数据结构体中的 read 函数指针指向的函数。

这个简单的编程技巧正是面向对象编程中多态的基础。例如在 C++ 中，类（class）中的每个虚函数（virtual function）地址都被记录在一个名为 vtable 的数据结构中。我们对虚函数的每次调用都要先查询这个表，其衍生类的构造函数负责将该衍生类的虚函数地址加载到整个对象的 vtable 中。

归根结底，多态其实就是函数指针的一种应用。自 20 世纪 40 年代末，冯·诺依曼架构诞生那天起，程序员们就一直在使用函数指针模拟多态了。也就是说，面向对象编程在多态方面没有提出任何新概念。

当然了，面向对象编程语言虽然在多态上并没有理论创新，但它们也确实让多态变得更安全、更便于使用了。

用函数指针显式实现多态的问题在于函数指针的危险性。毕竟，函数指针的调用依赖一系列需要人为遵守的约定。程序员必须严格按照固定约定来初始化函数指针，并同样严格地按照约定来调用这些指针。只要有一个程序员没有遵守这些约定，整个程序就会产生极其难以跟踪和消除的漏洞。

面向对象编程语言为我们消除了人工遵守这些约定的必要，也就等于消除了这方面的危险性。采用面向对象编程语言让多态实现变得非常简单，使传统 C 程序员可以去做以前不敢想的事情。综上所述，我们认为面向对象编程其实是对程序间接控制权的转移进行了约束。

### 多态的强大性

那么多态的优势在哪里呢？为了让读者更好地理解多态的好处，我们需要再来看一下刚才的 copy 程序。如果要支持新的 IO 设备，该程序需要做什么改动呢？比如，假设我们想要用该 copy 程序从一个手写识别设备将数据复制到另一个语音合成设备中，我们需要针对 copy 程序做什么改动，才能实现这个目标呢？

答案是完全不需要做任何改动！确实，我们甚至不需要重新编译该 copy 程序。为什么？因为 copy 程序的源代码并不依赖 IO 设备驱动程序的代码。只要 IO 设备驱动程序实现了 FILE 结构体中定义的 5 个标准函数，该 copy 程序就可以正常使用它们。

简单来说，IO 设备变成了 copy 程序的插件。

为什么 UNIX 操作系统会将 IO 设备设计成插件形式呢？因为自 20 世纪 50 年代末以来，我们学到了一个重要经验：程序应该与设备无关。这个经验从何而来呢？因为一度所有程序都是与设备相关的，但是后来我们发现自己其实真正需要的是在不同的设备上实现同样的功能。

例如，我们曾经写过一些程序，需要从卡片盒中的打孔卡片读取数据⊖，同时要通过在新的卡片上打孔来输出数据。后来，客户不再使用打孔卡片，而开始使用磁带卷了。这就给我们带来了很多麻烦，很多程序都需要重写。于是我们就会想，如果这段程序可以同时操作打孔卡片和磁带那该多好。

插件式架构就是为了支持这种 IO 不相关性而发明的，它几乎在随后的所有系统中都有应用。但即使多态有如此多优点，大部分程序员还是没有将插件特性引

---

⊖　打孔卡片——IBM 霍勒立夫卡片，宽 80 列。我相信你许多人甚至从未见过这种东西，但在 20 世纪 50 年代、60 年代甚至 70 年代都很常见。

入他们自己的程序中，因为函数指针实在是太危险了。

而面向对象编程的出现使得这种插件式架构可以在任何地方被安全地使用。

### 依赖反转

我们可以想象一下在安全和便利的多态支持出现之前，软件是什么样子的。图 5.1 是一个典型的调用树示例，`main` 函数调用了一些高层函数，这些高层函数又调用了一些中层函数，这些中层函数又继续调用了一些底层函数。在这里，源代码依赖关系不可避免地要遵循程序的控制流。

如你所见，`main` 函数为了调用高层函数，必须能够看到这个函数所在模块。在 C 中，我们会通过 `#include` 来实现，在 Java 中则通过 `import` 来实现，而在 C# 中则用的是 `using` 语句。总之，每个函数的调用方都必须要引用被调用方所在的模块。

显然，这样做就导致了我们在软件架构上别无选择。在这里，系统行为决定了控制流，而控制流则决定了源代码依赖关系。

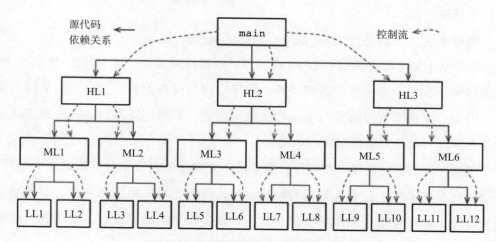

图 5.1　源代码依赖关系与控制流

但一旦我们使用了多态，情况就不一样了（详见图 5.2）。

在图 5.2 中，模块 HL1 调用了 ML1 模块中的 F() 函数，这里的调用是通过源代码级别的接口来实现的。当然在程序实际运行时，接口这个概念是不存在的，

HL1 会调用 ML1 中的 F() 函数<sup>⊖</sup>。

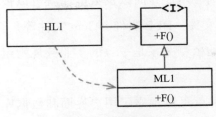

图 5.2　依赖反转

请注意模块 ML1 和接口 I 在源代码上的依赖关系（或者叫继承关系），该关系的方向和控制流正好是相反的，我们称之为依赖反转。这种反转对软件架构设计的影响是非常大的。

事实上，通过利用面向编程语言所提供的这种安全便利的多态实现，无论我们面对怎样的源代码级别的依赖关系，都可以将其反转。

现在，我们可以再回头来看图 5.1 中的调用树，就会发现其中的众多源代码依赖关系都可以通过引入接口的方式来进行反转。

通过这种方法，软件架构师可以完全控制采用了面向对象这种编程方式的系统中所有的源代码依赖关系，而不再受到系统控制流的限制。不管哪个模块调用或者被调用，软件架构师都可以随意更改源代码依赖关系。

这就是面向对象编程的好处，同时也是面向对象编程这种范式的核心本质，至少对一个软件架构师来说是这样的。

这种能力有什么用呢？在下面的例子中，我们可以用它来让数据库模块和用户界面模块都依赖业务规则模块（见图 5.3），而非相反。

图 5.3　数据库和用户界面取决于业务规则

这意味着我们使用户界面和数据库都成为了业务规则的插件。也就是说，业

---

⊖　虽然是间接的。

务规则模块的源代码不需要引入用户界面和数据库这两个模块。

这样一来，业务规则、用户界面以及数据库就可以被编译成三个独立的组件或者部署单元（例如 jar 文件、DLL 文件、Gem 文件等）了，这些组件或者部署单元的依赖关系与源代码的依赖关系是一致的，业务规则组件也不会依赖用户界面和数据库这两个组件。

于是，业务规则组件就可以独立于用户界面和数据库来进行部署了，我们对用户界面或者数据库的修改将不会对业务规则产生任何影响，这些组件都可以被独立地部署。

简单来说，当某个组件的源代码需要修改时，仅仅需要重新部署该组件，不需要更改其他组件，这就是独立部署能力。

如果系统中的所有组件都可以独立部署，那它们就可以由不同的团队并行开发，这就是所谓的独立开发能力。

## 本章小结

面向对象编程到底是什么？业界在这个问题上存在着很多不同的说法和意见。然而对一个软件架构师来说，其含义应该是非常明确的：面向对象编程就是以对象为手段来对源代码中的依赖关系进行控制的能力。这种能力让软件架构师可以构建出某种插件式架构，让高层策略性组件与底层实现性组件相分离，底层组件的详细信息被委托给插件模块，实现独立于高层组件的开发和部署。

第 **6** 章

# 函数式编程

函数式编程所依赖的原理，在很多方面其实是早于编程本身出现的。因为函数式编程这种范式强烈依赖于 Alonzo Church 在 20 世纪 30 年代发明的 λ 演算。

## 整数的平方

解释什么是函数式编程，最好的方法是通过一些例子来说明。让我们来研究一个简单的问题：打印前 25 个整数的平方值。

如果使用 Java 语言，代码如下：

```
public class Squint {
  public static void main(String args[]) {
    for (int i=0; i<25; i++)
      System.out.println(i*i);
  }
}
```

下面我们改用 Clojure 语言来写这个程序，Clojure 是 LISP 语言的一种衍生体，属于函数式编程语言。其代码如下：

```
(println (take 25 (map (fn [x] (* x x)) (range))))
```

如果读者对 LISP 不熟悉，这段代码可能看起来很奇怪。没关系，让我们换一种格式，用注释来说明一下吧：

```
(println ;_____ 输出
  (take 25 ;_____ 前 25 个元素
    (map (fn [x] (* x x)) ;__ 平方
      (range)))) ;_____ 整数
```

很明显，这里的 `println`、`take`、`map` 和 `range` 都是函数。在 LISP 中，函数是通过括号来调用的，例如 `(range)` 表达式就是在调用 `range` 函数。

而表达式 `(fn [x] (* xx))` 则是一个匿名函数，该函数用同样的值作为参数调用了乘法函数。换句话说，该函数计算的是平方值。

现在让我们回过头再看一下这整句代码，从最内侧的函数调用开始：

❑ `range` 函数会返回一个从 0 开始的整数无穷列表；

❑ 然后该列表会被传入 map 函数，并针对列表中的每个元素，调用求平方值的匿名函数，产生一个无穷多的、包含平方值的列表；

❑ 接着再将这个列表传入 take 函数，后者会返回一个仅包含前 25 个元素的新列表；

❑ println 函数将它的参数输出，该参数就是上面包含了 25 个平方值的列表。

读者不用担心上面提到的无穷列表。因为这些列表中的元素只有在被访问时才会被创建，所以实际上只有前 25 个元素是真正被创建了的。

如果你对上述内容还是感到困惑，可以自行学习一下 Clojure 和函数式编程，本书的目标并不是教学这门语言，因此不再展开。

相反，我们讨论它的主要目标是要突显出 Clojure 和 Java 这两种语言之间的巨大区别。在 Java 程序中，我们使用的是可变量，即变量 $i$，该变量的值会随着程序执行的过程而改变，故称为循环控制变量。而 Clojure 程序中是不存在这种变量的，变量 $x$ 一旦被初始化后，就不会再被更改了。

这句话有点出人意料：函数式编程语言中的变量（Variable）是不可变（Vary）的。

## 不可变性与软件架构

为什么不可变性是软件架构设计需要考虑的重点呢？为什么软件架构师要关心变量的可变性呢？答案显而易见：所有的竞争问题、死锁问题、并发更新问题都是由可变变量导致的。如果变量永远不会被更改，那就不可能产生竞争或者并发更新问题。如果锁状态是不可变的，那就永远不会产生死锁问题。

换句话说，一切并发应用遇到的问题，一切由于使用多线程、多处理器而引起的问题，如果没有可变变量的话都不会发生。

作为一个软件架构师，当然应该要对并发问题保持高度关注。我们需要确保自己设计的系统在多线程、多处理器环境中能稳定工作。所以在这里，我们实际应该要问的问题是：不可变性是否实际可行？

如果我们能忽略存储器与处理器在速度上的限制，那么答案是肯定的。否则的话，不可变性只有在一定情况下是可行的。

下面让我们来看一下它具体该如何实现可行。

## 可变性的隔离

一种常见方式是将应用程序，或者应用程序的内部服务进行划分，划分为可变的和不可变的两种组件。不可变组件用纯函数的方式来执行任务，期间不更改任何状态。这些不可变的组件将通过与一个或多个非函数式组件通信的方式来修改变量状态（见图 6.1）。

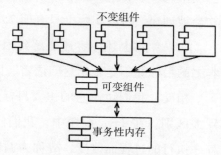

图 6.1　状态突变和事务性内存

由于状态的修改会导致一系列并发问题的产生，所以我们通常会采用某种事务性内存来保护可变变量，避免同步更新和竞争状态的发生。

事务性内存基本上与数据库保护磁盘数据的方式<sup>⊖</sup>类似，通常采用的是事务或者重试机制。

下面我们可以用 Clojure 中的 atom 机制来写一个简单的例子：

```
(def counter (atom 0)) ; 将计数器初始化为 0
(swap! counter inc)    ; 安全增量计数器
```

在这段代码中，counter 变量被定义为 atom 类型。在 Clojure 中，atom 是一类特殊的变量，它被允许在 swap! 函数定义的严格条件下进行更改。

至于 swap! 函数，如同上面代码所写，它需要两个参数：一个是被用来修改的 atom 类型实例，另一个是用来计算新值的函数。在上面的代码中，inc 函数会将参数加 1 并存入 counter 这个 atom 实例。

在这里，swap! 所采用的策略是传统的比较 + 替换算法。即先读取 counter 变量的值，再将其传入 inc 函数。然后当 inc 函数返回时，将原先用锁保护起来

---

⊖　我知道……什么是磁盘？

的 counter 值与传入 inc 时的值进行比较。如果两边的值一致，则将 inc 函数返回的值存入 counter，释放锁。否则，先释放锁，再从头进行。

当然，atom 这个机制只适用于上面这种简单的应用程序，它并不适用于解决由多个相关变量同时需要更改所引发的并发更新问题和死锁问题。要想解决这些问题，我们就需要用到更复杂的机制。

这里的要点是：一个架构设计良好的应用程序应该将状态修改的部分和不需要修改状态的部分隔离成单独的组件，然后用合适的机制来保护可变量。

软件架构师应该着力于将大部分处理逻辑都归于不可变组件中，可变状态组件的逻辑应该越少越好。

## 事件溯源

随着存储和处理能力的大幅进步，现在拥有每秒可以执行数十亿条指令的处理器，以及数十亿字节内存的计算机已经很常见了。而内存越大，处理速度越快，我们对可变状态的依赖就会越少。

举个简单的例子，假设某个银行应用程序需要维护客户账户余额信息，当它执行存取款事务时，就要同时负责修改余额记录。

如果我们不保存具体账户余额，仅仅保存事务日志。那么当有人想查询账户余额时，我们需要将全部交易记录取出，并且每次都要从最开始到当下进行累计。当然，这样的设计就不需要维护任何可变变量了。

但显而易见，这种实现是有些不合理的。因为随着时间的推移，事务的数目会无限制增长，每次处理总额所需的处理能力很快就会变得不可接受。如果要使这种设计永远可行，我们将需要无限容量的存储，以及无限的处理能力。

但是可能我们并不需要这个设计永远可行，而且可能在整个程序的生命周期内，我们有足够的存储和处理能力来满足它。

这就是事件溯源⊖，在这种体系下，我们只存储事务记录，不存储具体状态。

---

⊖ 感谢 Greg Young 让我知道了这个概念。

当需要具体状态时，我们只要从头开始计算所有的事务即可。

当然，我们可以走捷径。例如，我们可以每晚计算和保存状态。然后，当需要状态信息时，我们只需计算自午夜以来的交易。

在存储方面，这种架构的确需要很大的存储容量。如今离线数据存储器的增长是非常快的，现在 1 TB 对我们来说也已经不算什么了。

更重要的是，这种数据存储模式中不存在删除和更新的情况，我们的应用程序不是 CRUD，而是 CR。此外，因为更新和删除这两种操作都不存在了，自然也就不存在并发问题。

如果我们有足够大的存储空间和处理能力，那么应用程序就可以用完全不可变的、纯函数式的方式来实现。

如果读者还是觉得这听起来不太靠谱，可以想想我们现在用的源代码管理程序，它们正是使用这种方式工作的！

## 本章小结

下面我们来总结一下：

- ❑ 结构化编程是对程序控制权的直接转移的限制；
- ❑ 面向对象编程是对程序控制权的间接转移的限制。
- ❑ 函数式编程是对程序中赋值操作的限制。

这三个编程范式都对程序员提出了新的限制。每个范式都约束了某种编写代码的方式，没有一个编程范式增加了新能力。

也就是说，我们过去 50 年学到的主要是——什么不应该做。

我们必须面对这种不友好的现实：软件构建并不是一项发展迅速的技术。今天构建软件的规则和 1946 年阿兰·图灵写下电子计算机的第一行代码时是一样的。尽管工具变化了，硬件也发生了改变，但软件的本质仍然是一样的。

总而言之，软件，或者说计算机程序无一例外是由顺序结构、分支结构、循环结构和间接转移这几种行为组合而成的，无可增加，也缺一不可。

第三部分 *Part 3*

# 设 计 原 则

- 第 7 章　SRP：单一职责原则
- 第 8 章　OCP：开闭原则
- 第 9 章　LSP：里氏替换原则
- 第 10 章　ISP：接口隔离原则
- 第 11 章　DIP：依赖反转原则

优秀的软件系统源自整洁的代码。劣质的砖，无法搭建出好的架构。架构设计得不好，再好的砖也没有用。首字母缩写为 SOLID 的这组原则就是要解决这些问题。

SOLID 原则是指将函数和数据组合成类，并互相连接。使用"类"并不意味着这些原则仅适用于面向对象软件。类是紧密关联的函数和数据的分组。每个软件系统都有这样的分组，无论是否被称为类。对于这些系统 SOLID 原则都适用。

SOLID 原则的目标是创建允许变化、易于理解、可在许多软件系统中使用。

"中层"是指这些原则主要适用于模块层面的编程开发工作。它们应用在具体代码之上的层次，帮助定义模块和组件中所用的软件结构。就像好砖也会盖坏楼一样，设计良好的中层组件也可能导致系统混乱。有鉴于此，在讨论 SOLID 原则后，将继续讨论它们在组件设计中的应用，然后讨论高级软件架构的设计原则。

SOLID 原则历史悠久。20 世纪 80 年代后期，我在 USENET（古早版 Facebook）上和其他人就软件设计原则辩论时，便开始归纳这些原则。多年来，这些原则发生了一些变化。有些被删除，有些被合并，还新增了一些。2000 年代初，这组原则的最终版确定，只是和我的顺序有所不同。

2004 年前后，Michael Feathers 给我发了封电子邮件，说如果重新排列这些原则，它们的首字母可以拼成单词 SOLID——于是称为 SOLID 原则。

后续章节会详细讨论每个原则。以下是简单摘要。

SRP：单一职责原则。康威定律（Conway's law）的推论——软件系统的最佳结构很大程度上取决于开发它的组织的社会结构，由此，一个软件模块有且仅有一个改变的理由。

OCP：开闭原则。20 世纪 80 年代，Bertrand Meyer 使得这个原则广为人知。要点是，为了使软件系统易于修改，就必须设计为使用添加新代码而不是更改现有代码的方式修改系统行为。

LSP：里氏替换原则。1988 年，Barbara Liskov 提出的著名子类型定义。简而言之，如果用可替换的组件构建软件系统，那些组件必须遵循可以相互替换的约定。

ISP：接口隔离原则。该原则建议软件设计者应避免不必要的依赖。

DIP：依赖反转原则。实现高级策略的代码不应该依赖实现底层细节的代码。相反，实现底层细节的代码应该依赖高层策略。

多年来，这些原则在很多不同的出版物中都有详细描述。在接下来的章节中，将侧重讨论这些原则在软件架构上的意义，而不再重复讨论那些细节。

第 **7** 章

# SRP：单一职责原则

在 SOLID 原则中，单一职责原则（SRP）可能是最容易被误解的。或许是因为特别不恰当的名字，很容易让人认为它是指每个模块只做一件事。"每个模块只做一件事"这句话也是一个原则，比如一个函数应该只做一件事。再比如，将大函数重构成小函数时会用到这个原则，是最底层函数层面的原则，但它不属于 SOLID 原则——它不是 SRP。

从历史上看，曾这样描述过 SRP：一个模块应该有且仅有一个改变的理由。

改变软件系统是为了满足用户和利益相关者。他们就是原则中所说的"改变的理由"。事实上，可以这样重新表述该原则：一个模块应该对且仅对一个用户或一个利益相关者负责。

不幸的是，这里用"一个用户"和"一个利益相关者"不太恰当，因为很可能一群用户或一群利益相关者都有相同的系统变更需求。所以，这里实际上是指一类人———一个或多个变更需求相同的人。这类人称为行为主体（actor）。

所以，SRP 最终版描述如下：一个模块应该对且仅对一类行为主体负责。

"模块"又是什么意思？最简单的定义是源文件。多数时候这个定义就够了。然而有些语言和开发环境下代码不在源文件中<sup>⊖</sup>。在这些情况下，模块就是一组内聚的函数和数据的集合。

"内聚"这个词隐含了 SRP。内聚就是指将对某类行为主体负责的代码绑定在一起。

或许，理解这个原则最好的办法是看看反例。

# 反例 1：意外的复用

我最喜欢的例子：薪资管理系统中的 **Employee** 类有三个方法：

---

㊀ 一个符合该要求的编程语言是 Lisp。Lisp 是一种基于 S 表达式的编程语言，它的代码通常是以列表的形式呈现，而不是以源文件的形式存储。在 Lisp 中，代码可以通过 REPL（Read-Eval-Print Loop）进行交互式输入和执行，也可以将代码存储在文本文件中（通常是以 .lisp 扩展名结尾），然后使用 Lisp 解释器或编译器来执行。但是，这些文件通常不被认为是源文件，因为它们不是 Lisp 的主要表示方式。——译者注

calculatePay()、reportHours() 和 save()（见图 7.1）。

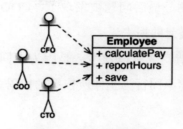

图 7.1　Employee 类

这个类违背了 SRP，因为三个方法对三个完全不同的行为主体负责。

❏ calculatePay() 方法的需求由向 CFO 汇报的财务部门指定。

❏ reportHours() 方法的需求由向 COO 汇报的人力资源部指定。

❏ save() 方法的需求由向 CTO 汇报的数据库管理员（DBA）指定。

开发人员将三个方法的源代码都在一个 Employee 类中，以便将三类行为主体耦合到了一起。这种耦合会导致 CFO 团队的需求变化影响 COO 团队所依赖的功能。

例如，假设 calculatePay() 和 reportHours() 用相同的逻辑计算正常工时数。再假设开发人员为了复用代码而将算法提炼成 regularHours()（见图 7.2）。

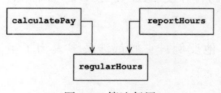

图 7.2　算法复用

现在假设 CFO 团队要调整正常工时数的计算方法，而 COO 团队中 HR 因为使用正常工时数的目的不同，不想要调整。

修改任务分给了一位开发人员，他看到 calculatePay() 调用了 regularHours()。不幸的是，他没有注意到 reportHours() 也调用了该函数。

他按要求修改了代码，并进行了仔细测试。CFO 团队验证功能符合预期，然后系统就部署上线了。

但 COO 团队并不知道这件事。HR 仍然在使用 reportHours() 生成的报表——但现在的数据是错的。最后问题被发现了，COO 非常愤怒，因为错误数据已经给公司造成了数百万美元的损失。

我们都见过这样的事情。之所以发生，是因为不同行为主体所依赖的代码放到了一起。SRP 要求，分离不同行为主体所依赖的代码。

## 反例 2：代码合并

不难想象，代码合并在包含许多不同方法的源文件中会很常见。特别是，如果这些方法对不同行为主体负责，那么更可能发生合并。

例如，假设 CTO 领导的 DBA 团队决定对 Employee 表结构进行简单修改。同时假设 COO 领导的 HR 决定修改工时报表的格式。

可能就会出现不同团队的两位开发人员签出 Employee 类开始修改。不幸的是，他们的更改有冲突，必须进行代码合并。

不需要再次提醒，代码合并是有风险的。虽然现在的工具相当不错，但没有工具能处理所有的合并。最终就是，代码合并总有风险。

在这个例子中，代码合并使 CTO 和 COO 都面临风险。不难想象，CFO 可能也会受影响。

还可以举出许多其他反例，它们都涉及多人为了不同的目的修改同一份源文件。

再一次，避免这个问题的方式是，将服务不同行为主体的代码进行分离。

## 解决方案

这个问题有许多不同的解决方案。每种都是将函数移入不同的类。

解决这个问题最明显的方式是将数据与函数分离。三个类共享访问 EmployeeData，这是一个没有方法的简单数据类（见图 7.3）。每个类只包含其特定功能所需的源代码。三个类之间不可见，以避免发生意外的复用。

该解决方案的缺点是，必须实例化和追踪这三个类。常见的解决方案是用外观模式（Facade）(见图 7.4)。

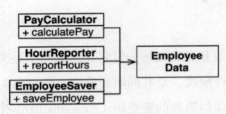

图 7.3　彼此之间不可见的三个类

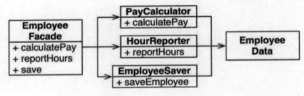

图 7.4　外观模式

`EmployeeFacade` 包含的代码很少，它负责实例化具体实现类并将方法调用委托给具体实现类的对应方法。

一些开发人员更喜欢将最重要的业务规则与数据放在一起。将最重要的方法放在原始 `Employee` 类中，然后将这个类用作其他次要类的外观模式（见图 7.5）。

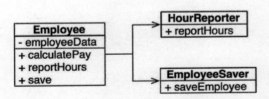

图 7.5　最重要的方法放在原始 `Employee` 类中，并且这个类作为其他次要类的外观模式

你可能会反对这些解决方案，因为每个类看起来只有一个函数。实际上并非如此。计算工资、生成报表或保存数据可能是个复杂过程，每个类都会有许多私有方法。

这样一组方法都局限在类的作用域内。在作用域之外，类私有成员是不可见的。

## 本章小结

单一职责原则与函数和类有关——但它在另外两个层次（组件和架构）会以不同形式重新出现。在组件层次，是共同闭合原则（Common Closure Principle）。在架构层次，是用于创建架构边界的变更轴（Axis of Change）。后续章节将学习所有这些概念。

第 **8** 章

# OCP：开闭原则

开闭原则（OCP）是由 Bertrand Meyer[一]在 1988 年首次提出的。描述为：设计良好的软件应该对扩展开放，而对修改封闭。

换句话说，设计良好的软件应该可以在无须修改的前提下进行扩展。

其实这是研究软件架构的初衷。显然，如果简单的需求扩展就要对软件系统进行大规模改动，那它的架构设计肯定是非常失败的。

多数学习软件设计的人都认可 OC 在类和模块设计中的重要性。实际上在软件架构层面，该原则的意义更重大。

下面用一个思想实验来阐明。

## 思想实验

假设有一个显示财务信息的 Web 系统，页面上数据滚动刷新，负数为红色。

假设，利益相关者要求在黑白打印机上将同样信息打印成报表。报表要分页，每页有页眉、页脚和列名，负数在括号中。

显然，必须要增加一些新代码，但需要修改多少旧代码呢？

好的软件架构能最大限度减少代码的更改量。理想情况是不修改代码。

怎么做？分离因不同原因而改变的代码（SRP），然后组织这些代码之间的依赖关系（DIP）。

应用 SRP 可以获得图 8.1 所示的数据流图。先是财务分析程序检查财务数据并生成财务报表数据，然后两个报表程序适当格式化后输出。

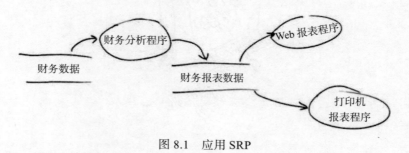

图 8.1 应用 SRP

---

○ Bertrand Meyer. Object Oriented Software Construction, Prentice Hall, 1988, p. 23。

核心思想是，报表生成分为两个独立职责：报表数据的计算和数据呈现（Web 和打印形式）。

分离之后调整源代码依赖关系，确保更改一个不会影响另一个。此外，新的源代码组织形式应确保可以扩展而无须修改代码。

具体实现上，将程序划分成类，并分离到组件中，如图 8.2 中的双线框所示。图中，左上角组件是 `Controller`，右上方是 `Interactor`，右下方是 `Database`，左下角四个组件分别代表 `Presenter` 和 `View`。

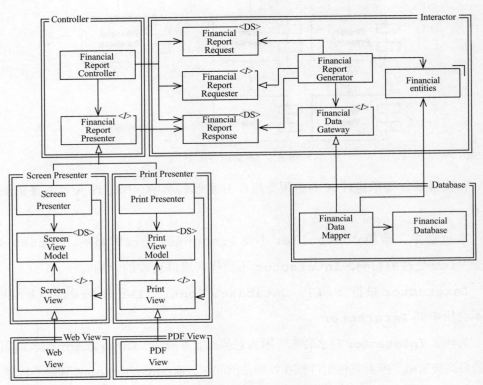

图 8.2　程序划分成类并分离到组件中

标记 <I> 代表接口；标记 <DS> 代表数据类。箭头是用关系。空心箭头是实现或继承关系。

首先要注意的是，所有依赖关系都是源代码依赖。类 A 指向类 B 表示类 A 的源代码涉及类 B，但类 B 不涉及类 A。图 8.2 中，`FinancialDataMapper` 因实现接口而依赖 FinancialDataGateway，而 FinancialDataGateway 对 FinancialDataMapper 一无所知。

其次要注意的是，双线框组件之间的跨越都是单向的。这意味着所有组件依赖关系都是单向的，如图 8.3 所示。箭头指向不会经常更改的组件。

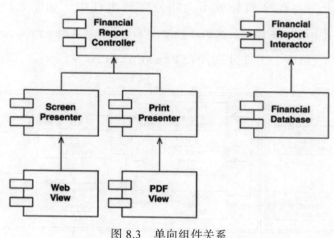

图 8.3　单向组件关系

再次强调，如果组件 A 不希望受组件 B 更改的影响，那组件 A 就不要依赖组件 B。

本示例中，希望 Controller 不受 Presenter 更改的影响，Presenter 不受 View 更改的影响，Interactor 不受任何组件更改的影响。

Interactor 最符合 OCP。Database、Controller 和 Presenter 的更改不会影响到 Interactor。

为什么 Interactor 这么特殊？因为它包含业务规则。Interactor 包含应用程序的最高级策略。所有其他组件都在处理外围问题，而 Interactor 处理核心问题。

Controller 是 Interactor 的外围，但对 Presenter 和 View 来说更靠近中心。Presenter 是 Controller 的外围，但它们对 View 来说更靠近中心。

请注意，如何基于"层级"概念创造保护层次结构。Interactor 是最高层级的概念，受到的保护最大。View 是最低层级的概念，受到的保护最小。Presenter 层级高于 View，但低于 Controller 和 Interactor。

这就是 OCP 在架构层次上的应用。架构师根据功能变更的方式、原因和时间对功能进行分离，然后将这些分离的功能组织成组件层次结构。层次结构中更高级别的组件不受较低级别组件更改的影响。

## 依赖方向的控制

如果被之前的类设计图吓到了，请再看一次。图的复杂性都是为了确保组件之间的依赖关系指向正确的方向。

例 如，`FinancialDataGateway` 在 `FinancialReportGenerator` 和 `FinancialDataMapper` 之间，是为了反转 `Interactor` 和 `Database` 之间的依赖关系。`FinancialReportPresenter` 接口和两个 `View` 接口也是如此。

## 信息隐藏

`FinancialReportRequester` 接口有不同的目的。它是为了防止 `FinancialReportController` 过度依赖 `Interactor` 的内部细节。如果没有这个接口，`Controller` 对 `FinancialEntities` 有传递依赖。

软件实体不应依赖它们不直接使用的事物，传递依赖违反了这个一般性原则。后续章节讨论接口隔离原则和共同复用原则时，将再次遇到该原则。

所以，虽然首要目标是保护 `Interactor` 免受 `Controller` 更改的影响，但也需要隐藏 `Interactor` 的内部细节来保护 `Controller` 免受 `Interactor` 更改的影响。

## 本章小结

OCP 是系统架构背后的驱动力之一。目标是使系统易于扩展，而免受更改造成的巨大影响。为了实现这一目标，将系统分为各种组件，并且将这些组件按依赖层次关系进行组织，使得高层级组件不受低层级组件修改的影响。

第**9**章

# LSP：里氏替换原则

1988 年，Barbara Liskov 用以下方式定义了子类型：如果对于类型 S 的每个对象 o1，存在类型 T 的对象 o2，使得对于所有用 T 定义的程序 P，o2 替换为 o1 时，程序 P 的行为不变，那么 S 是 T 的子类型。[⊖]

为了理解里氏替换原则（LSP）背后的思想，来看几个例子。

## 继承的使用指南

假设有一个 License 类，如图 9.1 所示。这个类的 calcFee() 由 Billing 程序调用。License 有两个"子类型"：PersonalLicense 和 BusinessLicense，分别用不同的算法计算授权费。

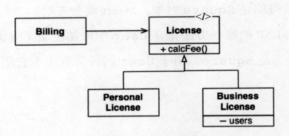

图 9.1　License 和它的衍生子类型符合 LSP

这个设计符合 LSP，因为 Billing 程序的行为不依赖 License 的任何一个子类型。这两个子类型都可以替换 License。

## 正方形 / 矩形问题

违反 LSP 的典型例子是正方形 / 矩形问题（见图 9.2）。

这个例子中，Square 不适合作为 Rectangle 的子类型，因为 Rectangle 的长宽是独立可变的，而 Square 的长宽必须一起改变。由于 User 认为在与 Rectangle 通信，因此会感到困惑。以下代码展示了原因：

---

⊖　Barbara Liskov, "Data Abstraction and Hierarchy," SIGPLAN Notices 23, 5 (May 1988)。

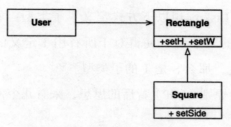

图 9.2 正方形 / 矩形问题

```
Rectangle r = …
r.setW(5);
r.setH(2);
assert(r.area() == 10);
```

如果在 … 处获得的是 Square 对象，assert 就会失败。

此处防止违反 LSP 的唯一方法是在 User 中添加逻辑（例如 if 语句），用以检测 Rectangle 是否是 Square。由于 User 的行为取决于它使用的类型，所以这些类型是不可替换的。

## LSP 和架构

如前所述，在面向对象编程革命的早期，LSP 是指导如何使用继承的方法之一。然而，随着时间的推移，LSP 已演变成一个更广泛的软件原则，指导接口和实现的设计。

这里所指的接口有多种形式。Java 风格的接口，可以有多个实现类。或者是 Ruby 风格，几个类共享相同的方法签名。或者是一组服务，响应相同的 REST 接口。

LSP 适用所有这些场景，因为这样的用户需求，都依赖于良好定义的接口以及实现类的可替换性。

要理解 LSP 在架构设计中的意义，最好的方式是观察违反该原则时系统架构会发生什么。

# 违反 LSP 的示例

假设构建一个提供多家出租车公司调度服务的聚合系统。乘客无须考虑是哪家出租车公司，直接在网站就能找到最合适的出租车。一旦乘客选定，系统就能通过 restful 服务来调度该车。

现在假设 restful 调度服务的 URI 保存在司机数据库中。一旦系统为乘客选择了合适的司机，就从司机数据库中获取该 URI，并用它调度司机。

假设司机 Bob 的调度 URI 如下：

```
purplecab.com/driver/Bob
```

系统将调度信息附加在这个 URI 上，并发送如下的 PUT 请求：

```
purplecab.com/driver/Bob
/pickupAddress/24 Maple St.
/pickupTime/153
/destination/ORD
```

显然，这意味着所有出租车公司的调度服务必须遵循同样的 REST 接口。它们必须用相同的方式处理 `pickupAddress`、`pickupTime` 和 `destination` 字段。

假设 Acme 公司聘请的程序员没有非常仔细地阅读规范，将 `destination` 缩写为 `dest`。Acme 是本地最大的出租车公司。这对系统架构会有什么影响？

显然，需要添加特殊场景。任何 Acme 司机的调度请求都必须使用和其他所有司机不同的规则来构建。

最简单的方法是在调度模块中增加 `if` 语句：

```
if (driver.getDispatchUri().startsWith("acme.com"))…
```

但是，任何合格的架构师都不会允许系统中存在这样的结构。将"`acme`"硬编码进系统会为各种可怕和神秘的错误甚至安全漏洞埋下隐患。

例如，假设 Acme 变得非常成功并收购了 Purple 出租车公司。合并后的公司统一了原公司系统却仍然维持独立品牌和独立网站，这时会怎样？是否需要为"`purple`"再添加一条 `if` 语句？

架构师必须创建某种调度命令的创建模块，该模块将由调度 URI 键入的配置数据库驱动，从而避免系统出现类似错误。其配置信息可以如下：

| URI | Dispatch Format |
| --- | --- |
| Acme.com | /pickupAddress/%s/pickupTime/%s/dest/%s |
| *.* | /pickupAddress/%s/pickupTime/%s/destination/%s |

架构师不得不添加复杂组件，以应对不能完全实现互相替换的 restful 服务接口。

## 本章小结

LSP 可以而且应该应用到架构层面。一旦违反了可替换性，会导致系统的架构被大量额外机制污染。

第 **10** 章

# ISP：接口隔离原则

接口隔离原则（ISP）的名称源于图 10.1 所示的结构。

图 10.1 中，有几个用户要调用 OPS 类的方法。假设 User1 只用 op1，User2 只用 op2，User3 只用 op3。

假设 OPS 是用 Java 等语言编写的类。显然，即使 User1 没有调用 op2 和 op3，源代码也会依赖它们。这种依赖性意味着对 OPS 中 op2 源代码所做的任何改变，即使对 User1 没有任何影响，也会导致它需要重编译和重新部署。

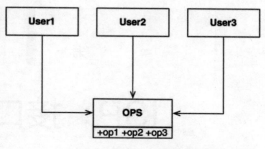

图 10.1　接口隔离原则

解决这个问题的办法是将操作隔离到接口中，如图 10.2。

再次，假设仍然使用像 Java 这样的静态类型语言实现，那 User1 的源代码将依赖 U1Ops 和 op1，但不会依赖 OPS。因此，只要对 OPS 的更改不影响 User1，就不需要重新编译和部署 User1。

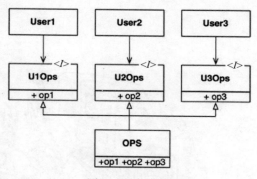

图 10.2　操作隔离

## ISP 和编程语言

显然，上述例子非常依赖所用的编程语言。像 Java 这样的静态类型语言强制程序员使用 import、use 或 include 语句创建声明。源代码中的这些声明语句引入了源代码依赖关系，这导致依赖的源代码一旦发生变更，就要重新编译和部署。

像 Ruby 和 Python 这样的动态类型语言中，源代码不存在这样的声明。相反，类型是在运行时推断出来的。因此，没有源代码依赖关系强制重新编译和重新部署。这是动态类型语言比静态类型语言更灵活、耦合更松散的主要原因。

看到这些，你可能会就此认为 ISP 是编程语言问题而不是架构问题。

## ISP 和架构

回顾下 ISP 的根本动机，可以看到更深层次的考虑。一般来说，依赖不需要的模块是有害的。从源代码层次来看，这种依赖会导致不必要的重新编译和部署，对更高层次的架构设计来说也一样。

例如，架构师正在开发系统 S，他想引入框架 F。假设 F 的架构师已经将其绑定到特定数据库 D，所以 S 依赖 F，F 依赖 D（见图 10.3）。

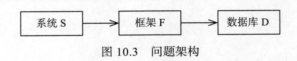

图 10.3　问题架构

假设 D 包含了 F 不使用的特性，S 同样也不需要。D 中这些特性的更改很可能强制部署 F，从而强制部署 S。更糟的是，D 某个特性的故障可能会导致 F 和 S 出现故障。

## 本章小结

这里的教训是，依赖不需要的东西可能会带来意想不到的麻烦。

第 13 章讨论共同复用原则时将会更详细地探讨这一想法。

第 **11** 章

# DIP：依赖反转原则

依赖反转原则是说，要提高系统的灵活性，源代码应该多依赖抽象类型而不是具体实现。

在 Java 这类静态类型编程语言中，这意味着 use、import 和 include 语句应该仅引用接口、抽象类或其他某种抽象声明的源模块，而不应该依赖任何具体的东西。

同样的规则也适用于 Ruby 和 Python 这样的动态类型编程语言。源代码不应依赖具体模块。然而，在这些语言中，定义什么是具体模块比较困难。特别是，任何被调用函数实现的模块都属于具体模块。

显然，将这个设计原则视为铁律是不现实的，因为软件系统不可避免地要依赖许多具体工具。例如，Java 中的 String 是具体实现，强制它为抽象是不现实的。源代码依赖 java.lang.String 是不可能也不应该避免的。

相比而言，String 非常稳定。对该类的更改非常少见并且受到严格控制。程序员和架构师不必担心 String 发生频繁和反复无常的更改。

因此，运用 DIP 时，不必考虑稳定的操作系统和平台工具。应该允许对它们的具体依赖，因为它们很少变动。

要避免依赖的是系统中易变的具体模块。这些还在不停开发中，经常发生更改。

## 稳定的抽象

更改抽象接口都要更改对应的具体实现类。反过来，更改具体实现类不总是或者通常并不需要改变它们所实现的接口。因此，接口比实现更稳定。

实际上，优秀的软件设计师和架构师都尽量避免更改接口。在不改变接口的情况下在实现中添加功能，是软件设计的基本能力。

结论是，稳定的软件架构应该避免依赖易变的具体实现，而尽量使用稳定的抽象接口。这可以归结为一组非常具体的编码实践：

❑ 不要引用易变的具体实现类。改为引用抽象接口。这个规则适用于所有语言，无论是静态类型还是动态类型。对象的创建也应该加以严格约束，通常来说都应该使用抽象工厂（Abstract Factory）创建。

❑ 不要衍生继承易变的具体实现类。这是上一条规则的推论，但值得特别提及。在静态类型语言中，继承是所有源代码关系中最强大和最严格的，应该谨慎使用。在动态类型语言中，继承没那么大问题，但仍然是一种依赖关系——谨慎行事始终是最明智的选择。

❑ 不要覆盖类中的具体实现函数。这些函数通常有源代码依赖。覆盖这些函数时，并没有消除这些依赖——事实上，是继承了它们。要管理这些依赖，应该使用抽象函数，并创建多种具体实现。

❑ 永远不要直接引用任何具体实现和易变类的名字。实际上，这是原则本身的另一种表述。

## 工厂模式

为了符合这些规则，需要对易变具体对象的创建进行特殊处理。这种谨慎是合理的，因为在几乎所有语言中，对象的创建都需要在源代码上依赖对象的具体实现。

在大多数面向对象语言（如 Java）中，都可以使用抽象工厂来管理这种不好的依赖。

图 11.1 显示了模式的结构。Application 通过 Service 接口使用 ConcreteImpl，但 Applicaiton 必须实例化 ConcreteImpl。为了源代码上不依赖 ConcreteImpl，Application 调用 ServiceFactory 的 makeSvc 方法。该方法由 ServiceFactory 接口的衍生类 ServiceFactoryImpl 实现。它实例化 ConcreteImpl 并其作为 Service 返回。

图 11.1 中的曲线是架构边界。它将抽象与具体实现分开。所有源代码依赖关系都以相同方式跨过曲线，指向抽象方。

该曲线将系统分为两部分：抽象接口和具体实现。抽象组件包括应用程序所有的高级业务规则。具体组件包含这些业务规则的所有实现细节。

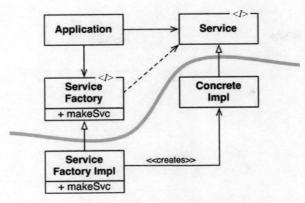

图 11.1　抽象工厂模式管理依赖

请注意，控制流跨越曲线的方向与源代码依赖关系相反。源代码依赖关系与控制流方向相反——这就是称该原则为依赖反转的原因。

## 具体实现组件

图 11.1 具体实现组件中有一个依赖关系，违反了 DIP。这很常见。无法完全消除 DIP 违例，但可以将它们集中到少数几个具体组件中，并与系统其他部分分开。

多数系统至少包含一个这样的具体组件，通常称为 main，因为它包含 main$^{\ominus}$函数。图 11.1 中，main 函数实例化 ServiceFactoryImpl，并将它放在一个 ServiceFactory 类型的全局变量中。Applicaiton 可以通过该全局变量访问工厂。

## 本章小结

随着本书内容的进一步深入，当涉及高级架构设计原则时，DIP 会再次出现。它是架构图中最明显的组织原则。图 11.1 中的曲线在后续章节中是架构边界。依赖关系单方向跨过曲线，指向更抽象实体的方式成为新的设计规则——依赖规则。

---

　　㊀　换句话说，是应用程序启动时，由操作系统所调用的函数。

第四部分 *Part 4*

# 组 件 原 则

- 第 12 章　组件
- 第 13 章　组件内聚
- 第 14 章　组件耦合

如果 SOLID 原则是如何把砖块砌成墙壁和房间，那么组件原则就是如何将房间组成建筑。像大型建筑一样，大型软件系统也是由小组件构建而成的。

第四部分将讨论软件组件是指什么、它们包含哪些元素，以及它们如何组合到一起形成系统。

第 **12** 章

组　　件

组件是部署单元，是作为系统一部分部署的最小实体。Java 中是 .jar 文件，Ruby 中是 .gem 文件，.NET 中是 DLL 文件。在编译型语言中，它们是二进制文件的集合。在解释型语言中，它们是源文件的集合。在所有语言中，它们都是部署的基本单元。

组件可以链接到可执行文件中，也可以打包成归档文件，例如 .war 文件。或者作为独立的动态加载插件进行部署，例如 .jar、.dll 或 .exe 文件。不管最终如何部署，设计良好的组件始终应该保留独立部署和独立开发的能力。

## 组件简史

在软件开发的早期年代，程序员需要自己控制程序的内存位置和布局。程序的第一行代码通常是起始语句，它声明程序所加载的地址。

考虑下面这个简单的 PDP-8 程序。它包含名为 GETSTR 的子程序，该子程序从键盘输入字符串并将其保存在缓冲区中。它还有小的单元测试程序来测试 GETSTR。

```
            *200
            TLS
START,      CLA
            TAD BUFR
            JMS GETSTR
            CLA
            TAD BUFR
            JMS PUTSTR
            JMP START
BUFR,       3000

GETSTR,     0
            DCA PTR
NXTCH,      KSF
            JMP -1
```

```
          KRB
          DCA I PTR
          TAD I PTR
          AND K177
          ISZ PTR
          TAD MCR
          SZA
          JMP NXTCH

K177,     177
MCR,      -15
```

请注意程序开头的 *200 命令。它告诉编译器，生成的代码将被加载到地址 200_8（八进制）上。

这种编程方式对如今大多数程序员来说都很陌生。他们很少需要考虑程序在计算机内存中的加载位置。但在早期，这通常是程序员需要做出的第一个决定。在那个时代，程序是不可重定位的。

那时候如何访问库函数？前面的代码展示了实现方法。程序员需要将库函数的源代码与应用程序的代码一起编译为程序。⊖库函数在源代码级别，而不是二进制。

这种方法的问题在于，在那个时代，设备读取速度很慢，内存很昂贵且容量小。编译器需要多次遍历源代码，而内存实在有限，无法同时容纳所有源代码。因此，编译器必须多次读取慢速设备上的源代码。

这将花费很长时间——库函数越大，编译器花费时间就越长。编译很大的程序，可能要花费数小时。

为了缩短编译时间，程序员会将库函数的源代码与应用程序分开，单独将库函数编译成二进制文件并加载到指定地址，比如 2000_8。他们为库函数创建符号

---

⊖ 我的第一位雇主把几十个子程序库源代码盒放在架子上。编写新程序时，只需从这些源代码盒中抓取一个，然后把它放在新程序的末尾即可。

表，并与应用程序代码一起编译。运行应用程序时，会先加载二进制函数库<sup>⊖</sup>，然后再加载应用程序。内存布局如图 12.1 所示。

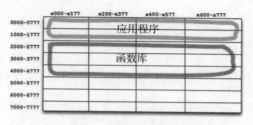

图 12.1　早期的内存布局

只要应用程序能存储在地址 0000_8 和 1777_8 间，上述方法就能正常运行。但很快，应用程序越来越大，超过了所分配的空间。到那时，程序员就必须分拆应用程序放到两个地址段，中间还要跳过函数库（见图 12.2）。

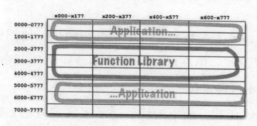

图 12.2　应用程序分拆到两个地址段

显然这种做法不可持续。随着程序员向库函数中添加更多功能，库函数超出边界，于是不得不分配更多空间（这个例子中，接近 7000_8）。随着计算机内存消耗的增长，程序和库的碎片化必然会持续下去。

很明显，必须采取措施。

## 重定位技术

解决方案就是可重定位二进制文件。背后的想法很简单，编译器改为输出二进制代码，这些代码可以通过一个智能加载器在内存中重定位。加载器会被告知

---

⊖　实际上，大多数那个年代的老机器使用的都是磁芯存储器（Magnetic Core Memory），关机时内容不会被擦除。我们经常让函数库在存储器中保留好几天。

在哪里加载可重定位的代码。可重定位代码中插入了标志，这些标志告诉了加载器需要改动哪些已加载数据，以便在特定地址加载。通常做法是在二进制文件中为所有内存引用地址添加起始地址。

这样加载器可以将函数库、应用程序加载到特定的内存地址。事实上，加载器可以接受多个二进制输入，将它们逐个加载到内存中，并重新定位。这样就允许程序员只加载实际需要的函数。

编译器也改为将可重定位二进制文件中的函数名作为元数据。程序调用库函数时，编译器就会把函数名作为外部引用。定义库函数的程序中，编译器则把函数名作为外部定义。一旦加载器确定好加载这些定义的内存位置，它就可以将外部引用链接到外部定义。

于是，诞生了链接加载器。

## 链接器

链接加载器将程序分割成可单独编译和加载的部分。当小的程序与小的库链接时，这种方法很有效。然而，在 20 世纪 60 年代末和 70 年代初，程序员变得更加雄心勃勃，他们的程序也变得越来越庞大。

最终，链接加载器慢得让人无法忍受。函数库存储在如磁带这样的低速设备上。即使存储在磁盘上，也是相当慢。链接加载器要在这些低速设备上读取几十个，甚至几百个二进制库来处理外部引用。随着程序越来越大，库中积累的库函数越来越多，链接加载器可能需要一个多小时才能加载完程序。

最终，链接加载器被分成加载和链接两个阶段。耗时长的部分——进行链接的部分——被放到单独应用程序中，称为链接器。链接器输出是一个可重定位的链接，重定位加载器可以快速加载它。这使得程序员可以使用慢链接器生成一个能在任何时候快速加载的可执行文件。

到 20 世纪 80 年代，程序员们使用 C 或其他高级语言工作。随着他们的野心越来越大，程序也越来越庞大，数十万行代码的程序并不罕见。

源代码模块从 .c 文件编译成 .o 文件，然后输入链接器以创建出可被快速加载的可执行文件。虽然每个模块单独编译比较快，但编译所有模块需要一段时间，链接还要花费更多时间。许多时候，编译周期要超过一小时。

无止境地追逐编译速度似乎是程序员的宿命。从 20 世纪 60 年代一直到 80 年代，所有旨在加快工作流程的变革都因程序员的野心和不断增长的程序规模而受阻。编译周期似乎永远都无法摆脱小时级。加载一直都很快，而编译链接时间始终是瓶颈。

这是程序规模上的墨菲定律：程序规模的增长终将填满所有的编译和链接时间。

除了墨菲定律，还有摩尔（Moore）定律⊖，在 20 世纪 80 年代末，两个定律展开了激烈的较量。最终摩尔定律赢得了这场竞争。磁盘越来越小，速度越来越快。计算机内存日渐白菜价，以至磁盘上的许多数据都可以缓存在 RAM 中。计算机的时钟频率从 1MHz 提高到 100MHz。

到 20 世纪 90 年代中期，链接的增速远远超过了程序规模的增速。许多时候，链接时间缩短到几秒钟。对于小型应用，链接加载器的想法再次变得可行。

那时 Active-X、共享库和 .jar 文件刚开始出现。计算机和设备发展得如此之快，完全可以在加载时进行链接。我们可以在几秒钟内将若干个 .jar 文件或共享库链接起来，并执行生成的程序。于是，组件插件架构随之诞生了。

如今，应用程序使用 .jar 文件、DLL 或共享库作为插件已很常见。比如，想为 Minecraft 创建模块，只需将自定义的 .jar 文件放入特定文件夹。如果想在 Visual Studio 添加 Resharper 插件，只需安装相应的 DLL 文件。

## 本章小结

软件架构中的组件，就是在程序运行时作为插件的动态链接文件。历经半个世纪的艰苦努力，组件化插件架构已经变得司空见惯。

---

⊖ 摩尔定律：计算机处理速度、内存大小和存储密度每 18 个月翻一番。这一定律从 20 世纪 50 年代一直持续到 2000 年，之后至少在时钟频率（即处理速度）方面，这一定律不再适用。

# 第 13 章

# 组 件 内 聚

哪些类属于哪些组件？这是非常重要的决策，需要遵循良好的软件工程原则。不幸的是，很多年以来，几乎都是基于当时情景临时决定的。

本章将讨论组件内聚的三个原则。

❑ REP：复用 / 发布等价原则；

❑ CCP：共同闭合原则；

❑ CRP：共同复用原则。

## 复用 / 发布等价原则

软件复用的颗粒度等同于发布的颗粒度。

过去十年，见证了各种模块管理工具的兴起，如 Maven、Leiningen、RVM。随着可复用的组件和组件库越来越多，这些工具也变得越来越重要。我们正处在软件复用的时代——这正是面向对象编程最古老的承诺之一。

REP 原则似乎是一个事后看起来显而易见的原则。没有通过发布流程获得版本号的组件，是无法复用的。

没有版本号，就没法确保所有复用组件之间的兼容。不仅如此，还因为软件开发者需要知道新版本何时发布以及会有哪些变更。

开发者收到新版本提示后，根据新版本的更改仍然决定继续使用旧版本，这是很常见的场景。因此，发布过程必须生成适当的通知和发布文档，以便用户就是否升级做出明智的决策。

从软件设计和架构的角度来看，这一原则意味着组成组件的类和模块必须属于一个内聚组。组件不能简单地由彼此没有关联的类和模块组成。相反，它们应该有共同的主题或目的。

从设计角度看当然是显而易见的。然而，换成发布的角度，就没那么明显了。组成组件的类和模块应该一起发布。它们共享相同的版本号与版本追踪，以及相同的发布文档，这对组件作者和用户来说都是有意义的。

这个原则的建议性有些弱：说某事物应该"有意义"是一种含糊其词的说法，

只是听起来有权威而已。弱的原因在于，它没有对类和模块如何形成组件给出清晰的定义。即便如此，原则本身仍然很重要，一旦违反很容易被发现——因为不合理。如果你违反了 REP，用户会知道，并会对你的架构能力产生怀疑。

这个原则的不足之处可由以下两个原则弥补。CCP 和 CRP 会从相反的角度对这个原则进行补充。

## 共同闭合原则

将那些变更原因相同且需要同时修改的类形成同一组件。将那些不会同时修改且变更原因不同的类分成不同组件。

这是 SRP 在组件层面上的重新表述。正如 SRP 所说，一个类不应该包含多个变更原因，CCP 也认为一个组件不应该同时存在多个变更原因。

对大部分应用程序来说，可维护性远比可复用性重要。如果必须更改应用代码，那这些变更最好在同一个组件中，而不是分散在多个组件里。[一] 如果变更集中在一个组件里，只需重新部署该组件，其他不依赖该组件的组件不需要重新验证或重新部署。

CCP 提示，应该将所有因相同原因而可能更改的类集中到一起。如果两个类在源代码或概念上结合得很紧密，总是一起改变，那它们就应该属于同一个组件。这样可以最大限度地减少因发布、重新验证和重新部署产生的工作量。

这一原则与开闭原则（OCP）密切相关。事实上，CCP 指的就是 OCP 意义中的"闭合"。OCP 指出，类应该对修改封闭而对扩展开放。100% 封闭是不可能的，封闭必须讲策略。在设计类时，需要依据经验以及预见，将经常一起变更的类放到一起。

CCP 通过将那些对同一类型变化封闭的类聚集到同一组件中，进一步加强了这一点。因此，当需求发生变化时，就可以尽可能限制在最少的组件中。

---

　　㊀ 参见第 27 章中"运送小猫的难题"部分。

### 与 SRP 的相似性

如前所述，CCP 就是 SRP 的组件版。SRP 告诉我们，如果函数变更原因不同，就应该把它们分成不同的类。CCP 则告诉我们，如果类变更的原因不同，则应该将其分为不同的组件。这两个原则可以用下面这句概括：将相同变更原因而需同时更改的东西放到一起，将不同变更原因或无须同时更改的东西分开。

## 共同复用原则

不要强迫组件的用户依赖他们不需要的东西。

共同复用原则（CRP）是另一个帮助决定哪些类和模块应该放在组件中的原则。它指出，那些倾向一起被复用的类和模块属于同一个组件。

类很少被单独复用。更典型的是，类与其他可复用的抽象类一起被复用。CRP 指出，这些类属于同一个组件。在这样的组件中，会有很多互相依赖的类。

一个简单的例子，容器类和与其相关的迭代器类。这些类彼此之间紧密相关，一起被复用。因此，应该放到同一个组件中。

但 CRP 说的不仅是要把哪些类放一起，还说了哪些类应该分开。一个组件引用另一个组件时，相互之间就会生成依赖关系。也许只用了组件中的一个类——但依赖关系并没有减弱。组件间的依赖关系依然存在。

由于存在依赖关系，每当被依赖组件变更时，依赖它的组件可能也需要进行相应的更改。即使依赖它的组件没必要改变，它也可能需要重新编译、重新验证和重新部署。即使它不关心所依赖组件的变更，也要如此。

如此看来，如果要依赖某个组件，最好是依赖该组件中的每个类。换句话说，需要确保组件中的类是不可分割的——不可能只依赖一些而不依赖其他。否则就会在不必要的组件部署上浪费大量精力。

因此，CRP 更多说的是哪些类不应该放到一起，而不是哪些类应该放在一起。CRP 说，如果类之间的绑定不够紧密，那么它们不应该在同一个组件中。

### 与 ISP 的关系

CRP 是 ISP 的通用版。ISP 建议的是不要依赖那些包含不使用的函数的类。CRP 建议的是不要依赖那些包含不使用的类的组件。

所有这些建议可以简化为一句话：不要依赖不需要的东西。

## 组件内聚张力图

你可能已经意识到，这三个内聚原则之间是有冲突的。REP 和 CCP 是包容性原则：两者都倾向于使得组件变大。CRP 是排他性原则，它尽量使组件变小。好的架构师就是要在这三个矛盾原则之间进行取舍。

图 13.1 是组件内聚原则张力图[⊖]，显示了三个内聚原则之间的互相作用。图中边线上的描述是放弃对应原则的代价。

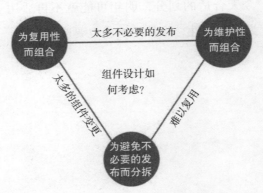

图 13.1　组件内聚原则张力图

只关注 REP 和 CRP 的架构师会发现，即使是简单变更也会影响许多组件。相比之下，如果架构师过于关注 CCP 和 REP，则会导致生成很多不必要的软件版本。

优秀的架构师会根据研发团队当前关注的重点，在三角张力图中找到合适的位置，同时也意识到这些关注点会随着时间的推移而变化。例如，在项目早期，

---

⊖　感谢 Tim Ottinger 提出这个想法。

CCP 要比 REP 重要得多，因为在这阶段，研发速度要比复用性更重要。

一般而言，项目会从张力三角的右侧开始，牺牲的主要是复用性。随着项目成熟，逐渐有其他项目开始从中汲取经验，项目就会滑向左边。这意味着，项目的组件结构可以随着时间和成熟度而变化。这与项目的开发进度和使用方式有很大关系，与项目实际做什么关系很小。

## 本章小结

在过去，我们对内聚的理解要比 REP、CCP 和 CRP 所揭示的简单得多。我们曾以为，内聚就是模块有且仅有一项功能。然而，组件内聚的三个原则描述了更复杂的情景。在选择哪些类组成组件时，必须要考虑可复用性和可开发性之间的冲突，并根据需要取得相互之间的平衡，这并不容易。此外，这种平衡几乎总是动态的，也就是说，今天合适的划分，明年可能就不再适用了。所以，随着项目重心从可开发性转变为可复用性，组件的组成也要应时而变。

# 第 14 章

# 组件耦合

接下来的三条原则涉及组件之间的关系。这些原则，同样面临可开发性和逻辑设计之间的矛盾。影响组件结构的不仅有技术、政治，还有本身的易变性。

## 无依赖环原则

组件依赖关系中不应该出现环。

你是否遇到过，工作一整天好不容易运行起来的程序，第二天上班时却发现不能工作了？为什么？因为有人在你走之后动了某些你程序所依赖的东西。我称之为"第二天早晨综合征"。

"第二天早晨综合征"发生在有多个开发人员修改相同源代码的开发模式中。在规模小、开发人员少的项目中，这不是太大的问题。但随着项目的增长，开发人员的增多，每天早上的这种痛苦就会越来越多。开发团队无法在一周内构建一个项目的稳定版本的情况越来越常见。取而代之的是，每个人都在不停地修改代码，为了能与其他人最近的修改保持一致。

在过去几十年中，针对这个问题逐渐演化出了两种解决方案，它们都来自电信行业。第一种是"每周构建"，第二种是"消除循环依赖"（ADP）。

### 每周构建

每周构建过去在中型项目中很常见。它是这样工作的：每周的前四天，所有开发人员互相忽略，都只在代码私有副本上工作，也不用关注集成问题。然后在每周五，集成所有的变更并构建系统。

这个方法的巨大优点是，每周五个工作日里有四天时间开发人员可以专心自己的工作。缺点是，每周五的集成需要花费很大的代价。

不幸的是，随着项目的增长，每周五的集成变得越来越不可行。集成的工作量越来越大，直至要工作到周六。经历过几次这样的星期六之后，开发人员就会相信集成任务实际上应该提前到星期四——就这样，集成的开始时间慢慢移到了周中。

随着开发与集成时间的此消彼长，团队效率也随之降低。最终，这种情况变得非常让人沮丧，以至于开发人员或项目经理宣布应该将构建时间表改为每两周构建一次。这在一段时间内是有效的，但集成时间会随着项目规模的扩大而继续增长。

最终，这种情况会造成更大的麻烦。为了保持开发效率，构建工作越来越推后——但越来越长的构建间隔增加了项目风险。集成和测试变得越来越困难，团队失去了快速获得反馈的好处。

### 消除循环依赖

解决方案是将开发项目分成多个可独立发布的组件。组件成为单个开发人员或开发团队可以负责的工作单元。当组件可正常工作时，就可以发布给其他开发人员使用。给它一个发布版本号，放入共享目录。该组件的开发人员可以继续修改自己的私有版本。其他人则可以使用已发布的版本。

组件发布新版本时，依赖该组件的团队可自行决定是否采用。如果不采用，他们还可以继续使用老版本。一旦准备好，他们就可以使用新版本。

因此，没有团队会受制于其他团队。组件的变更不会立即影响其他团队。每个团队都可以自己决定何时适配新版本组件。此外，集成是以小步增量的方式进行的。不需要把所有开发人员同一时间聚集到一起，集成他们正在进行的所有工作。

整个过程非常简单合理，得到了广泛应用。为了使之成功运作，必须管理好组件之间的依赖结构，不能有任何循环。如果依赖结构中存在循环，那么"第二天早晨综合征"就无法避免。

考虑图14.1的组件结构图，这是应用程序中相当典型的组件结构。应用的具体功能不重要，重要的是组件的依赖结构。请注意，这个结构是有向图，组件是节点，依赖关系是有向边。

再注意一点：无论从哪个组件开始，都不可能沿着依赖关系回到该组件。这个结构没有循环。它是一个有向无环图（DAG）。

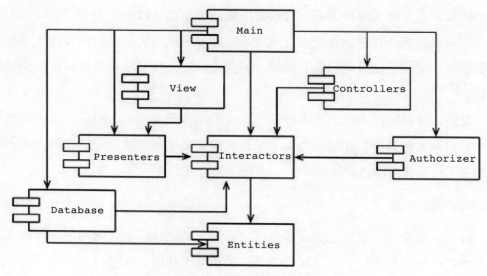

图 14.1　典型的组件结构图

考虑下，负责 Presenters 的团队发布新版本时会发生什么。可以很容易找出谁会受到这个版本的影响，只需要沿着依赖关系的箭头反向追溯即可。因此，View 和 Main 都会受到影响。当前正在这些组件上工作的开发人员需要决定何时将他们的工作与 Presenters 的新版本集成。

还要注意的是，当 Main 发布时，对系统中的其他组件完全没有影响。它们不依赖 Main，也不关心它何时更改。这很好，意味着发布 Main 新版本的影响很小。

当正在 Presenters 组件上工作的开发人员想进行测试时，他们只需要用当前正在使用的 Interactors 和 Entities 版本构建 Presenters 自己的版本，系统中的其他组件都不需要参与。这很好，意味着 Presenters 的开发人员只需要做很少的工作就可以建立测试，也只需要考虑很少的变量。

发布整个系统时，过程是自下而上进行的。首先，Entities 组件编译、测试、发布；然后是 Database 和 Interactors 组件进行同样处理；之后是 Presenters、View、Controllers，以及 Authorizer；最后是 Main。整个过程非常清晰，也容易处理。只需要了解各部分之间的依赖关系，就能知道如何构建系统。

**组件依赖图中的循环效应**

假设有个新需求要修改 Entities 中的某个类，这个类又用了 Authorizer 中的某个类。例如 Entities 中的 User 使用 Authorizer 中的 Permissions。这就形成了循环依赖，如图 14.2。

这种循环依赖会带来一些即时问题。例如 Database 组件发布新版本时，必须与 Entities 兼容。然而，因为存在循环，Database 必须也与 Authorizer 兼容。但 Authorizer 依赖 Interactors。这使得 Database 变得更难发布。Entities、Authorizer 和 Interactors 实际上已经合并成了一个大组件——这意味着这些组件的开发人员都会经历可怕的"第二天早晨综合征"。他们互相影响，因为他们必须使用彼此组件的完全相同版本。

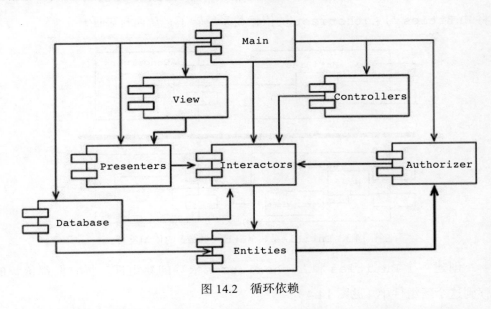

图 14.2　循环依赖

但这还只是问题的一部分，考虑下在测试 Entities 时会发生什么。令人懊恼的是，必须将 Authorizer 和 Interactors 集成到一起测试。即使能容忍，但这种组件之间的耦合也是令人不安的。

你可能会想，为什么仅仅运行简单的单元测试，就要包含这么多库和其他人的东西。稍微检查下可以发现，依赖关系图中存在循环。这种循环使得隔离组件非常困难。单元测试和发布也变得非常困难。此外，构建过程中的问题会随着模块数量的增加而呈几何级数增加。

此外，当依赖关系图中存在循环时，弄清构建组件的顺序就变得非常困难。事实上，可能根本就没有正确的顺序。对像 Java 这种需要在二进制编译文件中读取声明信息的语言来说，这会导致一些非常棘手的问题。

### 打破循环依赖

总是可以打破组件间的循环依赖，并将依赖图转化为 DAG。主要有两种方案。

1. 应用依赖反转原则（DIP）。如图 14.3 所示的案例中，可以创建一个 User 需要使用的接口，然后将其放入 Entities，并在 Authorizer 中继承它。这样就将 Entities 与 Authorizer 的依赖关系反转了，从而打破循环。

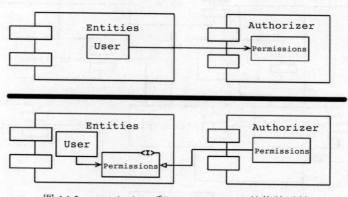

图 14.3　Entities 和 Authorizer 的依赖反转

2. 创建一个 Entities 和 Authorizer 都依赖的新组件。将它们都依赖的类移到这个新组件中（见图 14.4）。

### "抖动"

上述第二种方案意味着，需求变更时，组件结构也是不稳定的。事实上，随着应用的增长，组件的依赖结构会抖动和增长。因此，需要持续监控依赖结构，防止循环。当出现循环时，必须以某种方式打破它们。有时候这意味着要创建新组件，依赖结构将变得更大。

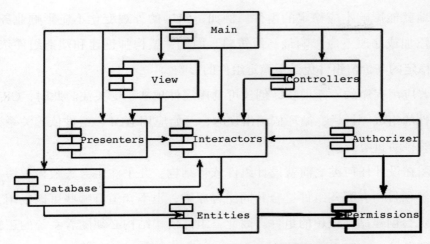

图 14.4　Entities 和 Authorizer 都依赖的新组件

## 自顶向下的设计

目前为止，讨论的问题可以引出一个不可避免的结论：组件结构不可能自顶向下设计。它不是在系统之初就被设计出来的，而是随着系统的成长和变化而演化的。

有些读者可能会觉得这点违反了直觉。我们习惯于认为组件这样大粒度的分解和顶层设计中的功能划分是对应的。

当看到像组件依赖结构这样的大粒度分组时，我们认为组件应该在某种程度上代表系统功能。然而，组件依赖关系图似乎不具备这样的属性。

事实上，组件依赖关系图与应用程序的功能关系不大。相反，它反映的是应用程序的可构建性和可维护性。这就是它不能在项目开始时设计出来的原因。那时没有软件需要构建或维护，也就不需要构建或维护这样的图。但是，随着实现和设计早期阶段积累的模块越来越多，就越来越需要管理这些依赖关系，避免项目开发出现"第二天早晨综合征"。此外，我们希望尽可能使变更局部化，所以需要运用 SRP 和 CCP，将可能同时变更的类放到一起。

组件依赖结构的主要关注点之一是隔离易变性。我们不希望频繁变化的组件，很随意地就能影响本应稳定的组件。例如，GUI 的外观变化不应影响业务规则，报表的添加或修改不应影响最高级策略。因此，架构师创建和塑造组件依赖图，以保护稳定的高价值组件免受不稳定组件的影响。

随着应用程序的不断增长，创建可复用组件越来越受关注。此时，CRP 开始影响组件的组成。最后，循环依赖出现时，开始应用 ADP，组件依赖关系也会产生相应的抖动和增长。

试图在设计任何类之前就设计组件依赖结构，几乎注定会失败得很惨。我们既不了解项目中有哪些组件符合共同闭合原则，也不知道有哪些可以复用，而且几乎肯定会创建循环依赖的组件。因此，组件依赖结构必须随着系统的逻辑设计而成长和发展。

## 稳定依赖原则

依赖关系指向更稳定的关系方向。

设计不可能完全静态。要使设计可维护，那必须容许一定的可变性。遵守共同闭合原则（CCP），可以创造出对某些变化敏感而对其他变更免疫的组件。一些组件被设计成易变，就是预计它们会经常发生变化。

任何易变的组件都不应该被难以修改的组件所依赖，否则，易变组件也会变得难以修改。

软件开发的反常之处在于，费尽心思设计的易于更改的模块，可能会因别人简单地添加一个依赖关系而变得难以更改。模块源代码并没有更改任何一行，却忽然变得难以更改。只有遵循稳定依赖原则（SDP），才能确保那些易于更改的模块不会被难以更改的模块所依赖。

### 稳定性

该如何定义"稳定性"？把硬币立起来，它在这个位置稳定么？你可能会说"不"。但是，除非受到干扰，否则它可以在这个位置保持很长时间。因此，稳定与变化的频率没有直接关系。硬币没有倒，但很难认为它稳定。

《韦氏词典》说：如果一样东西"难以移动"，那它就是稳定的。稳定性与改变所需要的工作量有关。站立的硬币是不稳定的，因为只需要很小的力量就能推倒它。桌子非常稳定，因为翻倒它需要很大的力量。

这与软件有什么关系？软件难以更改与很多因素有关——比如规模大小、复杂度、清晰度等。暂时忽略这些因素，只讨论一个特别因素。要使一个软件组件难以更改，最直接的方法就是让很多组件依赖它。被很多组件依赖的组件是非常稳定的，因为它的任何变化，都需要花费很大代价才能应用到所有依赖它的组件上。

图 14.5 中，X 是稳定组件。有三个组件依赖 X，所以 X 有三个不改变的好理由。X 对这三个组件负责。相反，X 不依赖任何组件，所以不会有任何外部影响使它改变，它是独立组件。

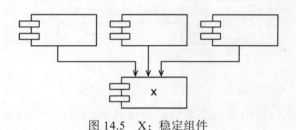

图 14.5　X：稳定组件

图 14.6 中，Y 是非常不稳定的组件。没有其他组件依赖 Y，它无须为此负责。Y 同时依赖三个组件，变化可能来自三个外部来源，它是依赖组件。

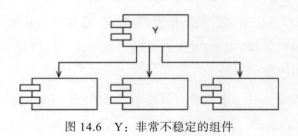

图 14.6　Y：非常不稳定的组件

### 稳定性指标

如何衡量组件的稳定性？一种方法是计算进入和离开组件的依赖关系数量。这些数量可以计算组件的位置稳定性（positional stability）。

Fan-in：入向依赖。表示组件外部有多少类依赖组件内部的类。

Fan-out：出向依赖。表示组件内部有多少类依赖组件外部的类。

*I*：不稳定性，*I*=Fan-out/(Fan-in+Fan-out)。指标的范围是 [0,1]。*I*=0 表示组件最稳定，*I*=1 表示组件最不稳定。

Fan-in 和 Fan-out⊖是通过统计组件内外部类之间的依赖关系数来计算的。如图 14.7 所示。

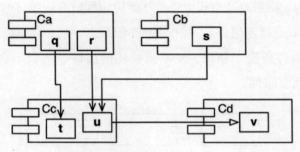

图 14.7　示例

假设计算组件 Cc 的稳定性。可以看到，Cc 外部有三个类依赖 Cc 中的类，所以 Fan-in=3。此外，Cc 中有一个类依赖组件外部的类，所以 Fan-out=1，*I*=1/4。

在 C++ 中，依赖关系通常用 #include 语句表示。实际上，当每个源文件只包含一个类时，*I* 最容易计算。在 Java 中，*I* 也可以通过 import 语句和限定名来统计。

当 *I* 指标等于 1 时，意味着没有其他组件依赖它（Fan-in = 0），而它依赖其他组件（Fan-out > 0）。这是组件最不稳定的情况。它无须为其他组件负责，它依赖其他组件。没有组件依赖它，也就没有其他力量干预它的变化。它依赖其他组件，也就有充分的理由改变。

相比之下，当 *I*=0 时，意味着有其他组件依赖它（Fan-in>0），而它不依赖任何其他组件（Fan-out=0）。这样的组件需要为其他组件负责，无外部依赖。这是组件最稳定的情况。其他组件对它的依赖会导致它很难变更，它没有外部依赖，就不会有来自外部的变更需求。

---

⊖ 在我以前的文章中，曾经用 Efferent 和 Afferent 的组合（Ce 和 Ca）表示 Fan-out 和 Fan-in。这是我的个人习惯：我喜欢用中枢神经系统来比喻架构。

SDP 建议，组件的 $I$ 值应该大于它所依赖的组件的 $I$ 值。也就是说，$I$ 值应该沿着依赖关系递减。

**并不是所有组件都应该是稳定的**

如果系统中所有的组件都最大程度稳定，那么系统将不可改变。这不是理想情况。实际上，设计组件结构的目的就是决定哪些组件稳定、哪些不稳定。图 14.8 是有三个组件的系统的理想配置。

可变组件在顶部，依赖下方的稳定组件。把不稳定组件放在顶部是很有用的约定，因为任何向上的箭头都违反了 SDP（以及后面会看到的 ADP）。

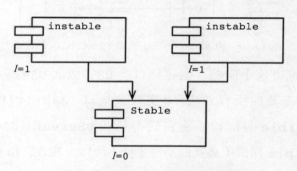

图 14.8　有三个组件的系统的理想配置

图 14.9 显示了如何违反 SDP。

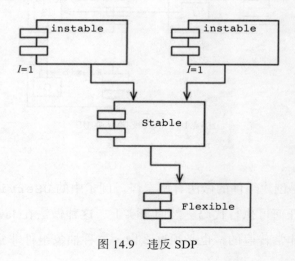

图 14.9　违反 SDP

　　Flexible 是设计成易于修改的组件，预计它不稳定。然而，Stable 组件的开发者却引入了对 Flexible 的依赖。这违反了 SDP，因为 Stable 的 $I$ 值远小于 Flexible 的 $I$ 值。其结果是，Flexible 不再易于更改。对 Flexible 的任何更改都需要考虑 Stable 及其所有的依赖。

　　解决这个问题，必须要用某种方式打破 Stable 和 Flexible 之间的依赖关系。为什么存在依赖？假设 Stable 中的类 U 需要使用 Flexible 中的类 C（见图 14.10）。

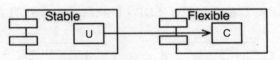

图 14.10　Stable 中的 U 使用 Flexible 中的 C

　　可以用 DIP 解决这个问题。创建接口类 US，放入 UServer 组件。确保该接口声明了 U 所需要的所有方法。C 实现该接口，如图 14.11。这样就打破了 Stable 对 Flexible 的依赖，使它们都依赖 UServer。UServer 非常稳定（$I=0$），而 Flexible 保留了必要的不稳定性（$I=1$）。现在，所有的依赖关系都流向 $I$ 减少的方向。

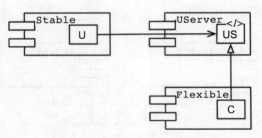

图 14.11　C 实现接口类 US

## 抽象组件

　　你可能会觉得创建组件的做法有些奇怪。例子中的 UService 组件只包含了一个接口，没有任何可执行代码。然而事实上，这种做法在 Java 和 C# 这样的静态类型语言中是非常普遍的，也必须这么做。这种抽象组件非常稳定，可以被那些不太稳定的组件依赖。

像 Ruby 和 Python 这样的动态类型语言中根本就不存在抽象组件，针对它们的依赖关系也不存在。这类语言的依赖结构要简单得多，因为依赖反转既不需要声明也不需要继承接口。

## 稳定抽象原则

组件有多稳定就该有多抽象。

### 高阶策略应该放在哪里

系统中总有些部分不该经常变化。这些部分呈现的是系统的高级架构和策略决策。我们不希望这些业务决策和架构设计经常变化。因此，封装系统高级策略的代码应该放到稳定的组件中（$I=0$）。不稳定的组件（$I=1$）应该只包含易变的代码——我们希望它们能快速轻松地更改。

然而，如果高级策略放在稳定组件中，意味着这些策略的源代码将很难改变。这可能会使得整个架构变得不灵活。最大程度稳定的组件（$I=0$）如何能够灵活地接受变化？答案可以在 OCP 中找到。这个原则告诉我们，可以并且应该创建无须更改却足够灵活扩展的类。哪种类符合此原则？答案是抽象类。

### 引入稳定抽象原则

稳定抽象原则（SAP）在稳定性和抽象性之间建立了关联。一方面，它要求稳定组件应该是抽象的，以免其稳定性影响扩展。另一方面，它也要求不稳定组件应该是具体的，这样不稳定性就可以通过修改具体的实现代码而易于更改。

因此，组件要稳定，它就应该由接口和抽象类组成，以便后面扩展。可扩展的稳定组件是灵活的，不会过度限制架构发展。

SAP 和 SDP 的结合相当于组件的 DIP。的确如此，因为 SDP 要求依赖应该朝着更稳定的方向。而 SAP 说，稳定性意味着抽象性。因此，依赖应该朝着更抽象的方向。

然而，DIP 是类层次上的原则——对类来说，是抽象类还是具体类是没有灰色地带的。一个类要么是抽象的，要么不是。而 SDP 和 SAP 的结合是组件层次上的，要允许组件只是部分抽象和部分稳定。

### 衡量抽象性

$A$ 指标是对组件抽象性的衡量，它是组件中的接口和抽象类数量占类总数的比率。

$Nc$：组件中类的数量。

$Na$：组件中抽象类和接口的数量。

$A$：抽象性，$A=Na/Nc$。

$A$ 的范围从 0 到 1。0 意味着该组件中根本就没有抽象类，1 意味着组件中只有抽象类。

### 主序列

现在可以定义稳定性（$I$）和抽象性（$A$）之间的关系了。如图 14.12，纵轴为 $A$ 值，横轴为 $I$ 值。将两个"优秀设计"的组件放入图中，最稳定和最抽象的组件位于左上角（0,1），最不稳定和最具体的组件位于右下角（1,0）。

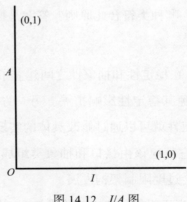

图 14.12 $I/A$ 图

当然不是所有的组件都在这么极端的位置，它们通常都有一定的稳定度和抽象度。例如，抽象类派生抽象类是很常见的。派生类是具有依赖关系的抽象类。

因此，虽然它是最大程度上的抽象，但不会是最大程度上的稳定。它的依赖性降低了稳定性。

由于不能强制要求所有组件都位于（0,1）或（1,0），必须假定 A/I 图上存在组件分布的合理区域。可以通过找到不该出现组件的区域来推断——换句话说，就是确定排除区（见图 14.13）。

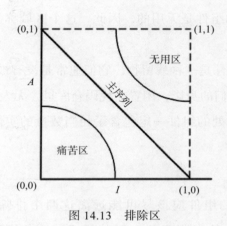

图 14.13　排除区

### 痛苦区

考虑位于（0,0）的组件。它是高度稳定和具体的组件。这样的组件是僵化的，不可取。它无法扩展，因为不是抽象的，而且由于其稳定性，很难更改。因此，通常不希望看到精心设计的组件靠近（0,0）。（0,0）周围的区域就是一个排除区，称为"痛苦区"（Zone of Pain）。

事实上，一些软件确实位于痛苦区。例如数据库模式（Schema）。数据库模式是出了名的易变，同时又非常具体，而且被高度依赖。面向对象应用程序和数据库之间的接口如此难以管理，数据库模式的更新通常都很痛苦，这是原因之一。

再举一个（0,0）区域的例子，就是实用程序库。虽然这种库的 I 值为 1，但它实际上是不可变的。例如 String，虽然其中所有的类都是具体的，但由于它应用太广泛，任何修改都会造成混乱，所以 String 只能是不可变的。

非易变组件在（0,0）是无害的，因为它们不太可能更改。正因为如此，只有易变组件落在"痛苦区"才会有问题。在"痛苦区"中,组件的易变性越强,"痛苦"越大。事实上,可以把易变性作为图的第三个轴,图 14.13 显示的是最痛苦的平面,易变性 =1。

### 无用区

考虑(1,1)附近的组件。这个位置并不理想,因为它最抽象,却又没有任何组件依赖于它。这样的组件是无用的,因此,这个区域称为"无用区"(Zone of Uselessness)。

位于这个区域的软件是一种残留物。它们通常是没有被任何类实现的抽象类。系统里时不时会发现它们的身影,闲置在代码仓库里,无人问津。

落在"无用区"深处的组件一定包含了相当数量的实体。显然,这类无用实体的存在是不可取的。

### 避开排除区

很明显,最易变的组件应该尽可能远离这两个排除区。从(1,0)连一条线到(0,1),这条线上的点距离两个区域最远。这条线称为"主序列"(Main Sequence)。⊖

位于"主序列"上的组件不会为了稳定性而"太抽象",也不会为了避免抽象而"太不稳定"。它既不是无用,也不是特别痛苦。它足够抽象,有组件依赖于它,它也足够具体,依赖其他组件。

组件最理想的位置是主序列的两端。优秀的架构师应该力争将大部分组件放在这些端点上。然而,以我个人经验来说,大型系统中会有一部分组件既不完全抽象,也不完全稳定。如果这些组件位于或者靠近主序列,就能有很好的效果了。

### 与主序列的距离

这引出了最后一个指标。如果希望组件位于或靠近主序列,那么可以创建一个指标来衡量组件到这条理想线的距离。

---

⊖ 借用了天文学上的重要术语,请大家谅解。

$D^{\ominus}$: 距离。$D=|A+I-1|$，取值范围 [0,1]。0 意味着组件正位于主序列线上，1 意味着组件尽可能远离主序列。

有了这个指标，就可以用来分析系统设计与主序列的整体契合度。可以计算每个组件的 $D$ 指标。任何 $D$ 值不接近 0 的组件都可以重新检查和重新设计。

还可以对设计进行统计分析。计算出设计中所有组件 $D$ 指标的平均值和方差。优秀的系统设计，$D$ 指标的平均值和方差都接近于零。方差可用于建立"控制限制"，以识别与所有其他组件相比"异常"的组件。

在图 14.14 的组件散点图中，大部分组件位于主序列附近，但有些组件距离平均值远超过一个标准差（$Z=1$）。这些异常组件值得仔细研究。由于某种原因，它们要么过于抽象但依赖很少，要么过于具体而依赖太多。

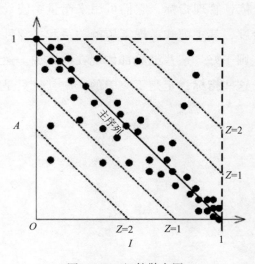

图 14.14　组件散点图

$D$ 指标的另一种用法是绘制组件 $D$ 指标随时间变化的趋势图。图 14.15 是其模拟图。可以看到，在最近几次发布中，`Payroll` 悄悄引入了一些奇怪的依赖关系。该图显示了 $D=0.1$ 的控制阈值。R2.1 这个版本已经超出了控制极限，值得努力弄清楚为什么这个组件距离主序列如此之远。

---

○　在我以前的文章中，曾将这个指标称为 $D'$。没有理由继续这么做。

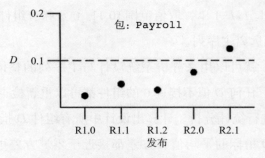

图 14.15 单组件 D 值随时间的变化

## 本章小结

本章介绍了几个依赖管理指标，它们可用来衡量系统设计与我所认为的"优秀"模式之间的契合度，其中模式考虑了依赖关系和抽象性。经验表明，有些依赖关系是好的，有些则不好。这些经验都体现在模式中。然而，指标不是神，它只是对标准的衡量。这些指标肯定是不完美的，充其量只是良好，但我希望它们对你有用。

第五部分 *Part 3*

# 架　构

- 第 15 章　架构的定义
- 第 16 章　独立性
- 第 17 章　划分边界
- 第 18 章　边界剖析
- 第 19 章　策略和级别
- 第 20 章　业务规则
- 第 21 章　架构的自白
- 第 22 章　整洁架构
- 第 23 章　展示器和谦逊对象
- 第 24 章　不完全边界
- 第 25 章　分层和边界
- 第 26 章　Main 组件
- 第 27 章　服务：宏观与微观
- 第 28 章　测试边界
- 第 29 章　整洁嵌入式架构

第 **15** 章

# 架构的定义

"架构"这个词会让我们联想到权力和神秘。它让我们想到重大的决策和深厚的技术能力。软件架构处于技术成就的顶峰。当我们谈起软件架构师，我们会想到一个有权力、受人尊敬的人。哪个年轻有抱负的软件开发者不想成为软件架构师呢？

那么什么是软件架构呢？软件架构师具体该做什么，什么时候做呢？

首先，软件架构师是一名程序员，而且始终是一名程序员。永远不要相信这种谎言，认为软件架构师会放弃编码，专注于更高级别的问题。他们不会这样做！软件架构师是最优秀的程序员，他们始终承担着编程任务，同时指导团队的设计方向使产能最大化。软件架构师可能不像其他程序员那样编写太多代码，但他们仍然参与编程任务。这样做是因为，如果他们没有遇到他们为其他程序员创建的问题，他们就无法正确地完成工作。

软件系统的架构是由构建它的人赋予的形式。这种形式将系统划分为组件、这些组件的排列以及这些组件彼此之间通信的方式。

这种形式的目的是方便其中所包含软件系统的开发、部署、运营和维护。

这些便利措施背后的策略是尽可能长时间地保留尽可能多的选择。

也许这个说法让你感到惊讶。也许你认为软件架构的目标是使系统正常工作。当然，我们希望系统正常工作，系统的架构必须支持这个目标作为其最高优先事项之一。

然而，一个系统的架构对于系统是否能够工作几乎没有影响。许多系统采用糟糕的架构，但却能正常运行。它们的问题不在于操作，而在于部署、维护和持续发展过程中的问题。

这并不是说架构在支持系统的正确行为中没有任何作用。它确实有，而且这个作用是至关重要的。但是这种作用是被动和表面的，而不是主动或必要的。一个系统的架构可以保留的行为选项很少（如果有的话）。

架构的主要目的是支持系统的生命周期。良好的架构使系统易于理解、易于开发、易于维护和易于部署。最终目标是最小化系统的生命周期成本，并最大程度地提高程序员的生产力。

# 开发

一个难以开发的软件系统不太可能有长久健康的生命周期。因此，系统的架构应该使系统易于开发，适用于开发它的团队。

不同的团队结构意味着不同的架构决策。一方面，由五名开发人员组成的小团队可以相当有效地合作开发一个没有定义良好的组件或接口的单体系统。事实上，在开发初期，这样的团队可能会发现架构的严格规定是一种阻碍。这可能就是为什么很多系统缺乏良好的架构：它们一开始就没有架构，因为团队很小，不想有条条框框的阻碍。

另一方面，如果一个由五个不同团队开发的系统，每个团队都包含七名开发人员，除非该系统被划分为具有可靠稳定接口的明确定义的组件，否则无法取得进展。如果不考虑任何其他因素，则该系统的架构可能会演变为五个组件，每个团队一个。

这种以组件为团队的架构可能不是部署、运营和维护系统的最佳架构。然而，如果一个团队仅由开发计划所驱动，他们会倾向于这种架构。

# 部署

为了生效，软件系统必须是可部署的。部署成本越高，系统的用途就越少。因此，软件架构的目标应该是创建一个可以通过单个操作轻松部署的系统。

很遗憾，在最初的开发过程中很少考虑部署策略。这导致架构可能会使系统开发变得容易，但在部署时却非常困难。

例如，在系统的早期开发阶段，开发人员可能决定使用“微服务架构”。他们可能会发现，这种方法使得系统非常易于开发，因为组件边界非常明确，接口相对稳定。然而，当部署系统的时候，他们可能会发现微服务的数量变得非常庞大，配置它们之间的连接以及启动时间可能会成为巨大的错误来源。

如果架构师能够早点考虑部署问题，可能会决定使用更少的服务、服务和进程组件的组合，以及更集成化的连接管理方式。

## 操作

架构对系统操作的影响往往不如对开发、部署和维护的影响那么剧烈。几乎任何操作上的困难都可以通过向系统添加更多硬件来解决，而不会对软件架构产生过大的影响。

事实上，我们一次又一次地见证了这种情况的发生。具有低效架构的软件系统通常只需添加更多存储和更多服务器即可有效工作。硬件便宜，人员昂贵，这意味着阻碍操作的架构成本比阻碍开发、部署和维护的架构成本低。

这并不意味着一个能很好适应系统操作的架构不可取。它是可取的！只是从成本考虑，架构设计更倾向于适配开发、部署和维护。

说到这一点，架构在系统操作中还有一个角色：一个良好的软件架构会传达系统的操作需求。

也许更好的说法是，系统架构使开发人员更易于了解系统的操作。架构应该揭示操作。系统的架构应该将使用案例、特性和所需的行为提升为首要实体，成为开发人员可见的里程碑。这可以简化对系统的理解，极大地帮助开发和维护。

## 运维

在软件系统的所有方面中，维护是成本最高的。永无止境的新特性和不可避免的缺陷和修复消耗了大量的人力资源。

维护的主要成本在于洞穴探险和风险。洞穴探险是指通过挖掘现有软件，试图确定添加新功能或修复缺陷的最佳位置和最佳策略的成本。在进行此类更改时，无意中产生缺陷的可能性始终存在，从而增加了风险成本。

一个经过深思熟虑的架构可以大大减轻这些成本。通过将系统分解为组件，并通过稳定的接口隔离这些组件，可以揭示未来功能的路径，并大大降低意外损坏的风险。

## 对可选项保持开放

正如我们在前面的章节中所描述的那样，软件有两种价值：行为价值和架构价值。其中第二种价值比前者更大，因为正是这种价值使软件变得柔性。

软件的发明是因为我们需要一种快速和容易改变机器行为的方法。但是，这种灵活性在很大程度上取决于系统的形式、组件的排列方式以及这些组件之间的连通方式。

保持软件柔性的方式是尽可能长时间地保留尽可能多的选项。我们需要保留哪些选项呢？不要在乎无关紧要的细节。

所有软件系统都可以分解为两个主要部分：策略和细节。策略元素包含所有业务规则和程序。政策是系统的真正价值所在。

细节是必不可少的，它使人类、其他系统和程序员能够与策略进行沟通，但不会影响策略的行为。它们包括输入输出设备、数据库、Web 系统、服务器、框架、通信协议等。

软件架构师的目标是为系统创建一个形式，将策略识别为系统的最基本元素，同时使细节与该策略无关。这能推迟有关那些细节的决策。

例如：

❑ 在开发初期不需要对数据库系统选型，因为高层策略不应该关心将使用哪种类型的数据库。事实上，如果架构师非常小心，高层策略不会介意数据库是关系型的、分布式的、层次型还是普通的文本文件。

❑ 在开发之初不必选择一个 Web 服务器，因为高层策略没必要知道它是通过 Web 传送的。如果高层策略不了解 HTML、AJAX、JSP、JSF 或 Web 开发中的任何其他技术，那么你不需要在项目的早期决定使用哪个 Web 系统。实际上，你甚至不需要决定系统是否将通过 Web 传输数据。

❑ 在开发过程中，不需要太早采用 REST，因为高层策略不需要区分外界接口，也不需要采用微服务框架或 SOA 框架。同样，高层策略不关心这些事情。

❑ 在开发的早期阶段没有必要采用依赖注入框架，因为高层策略不需要关心如何解决依赖问题。

我想你会明白的。如果你能够制定出高层策略而不承诺相关的细节，那么你就可以长时间推迟对这些细节的决策。你等待做出这些决策的时间越长，你就有越多的信息来做出恰当的决策。

这也让你可以选择尝试不同的实验。如果你的高级策略中有一部分在正常工作，并且它与数据库无关，那么你可以尝试将其连接到几个不同的数据库，以检查适用性和性能。同样适用于 Web 系统、Web 框架，甚至 Web 本身。

保持选项开放的时间越长，可以运行的实验就越多，可以尝试的操作也就越多。当那些决策无法再延迟的时候，你将拥有更多的信息。

如果其他人已经做出了决策，该怎么办？如果你的公司已经决定使用某个数据库、某个网络服务器或某个框架，该怎么办？一个好的架构师会当作决策尚未做出，并塑造系统，使这些决策能够尽可能地推迟或更改。

一个好的架构师可以最大限度地增加未做出决策的数量。

## 设备独立性

作为这种思维方式的一个例子，让我们回到 20 世纪 60 年代，当时的计算机刚出现不久，大多数程序员都是来自其他学科的数学家或工程师（其中三分之一以上是女性）。

那些日子我们犯了数不清的错误。当然，那时的我们还不知道那些是错误。我们又不是神仙。

其中一个错误是直接将我们的代码绑定到输入输出设备。如果我们需要在打印机上打印某些内容，我们编写的代码会使用控制打印机的输入输出指令。我们的代码是依赖于某种设备的。

例如，当我编写在电传打印机上打印的 PDP-8 程序时，我使用了一组类似以下的机器指令：

```
PRTCHR, 0
        TSF
        JMP .-1
        TLS
        JMP I PRTCHR
```

PRTCHR 是一个子程序，用于在电传打印机上打印一个字符。起始零被用作返回地址的存储器（别问为什么）。如果电传打印机已准备好打印字符，则 TSF 指令将跳过下一条指令。如果电传打印机忙碌，则 TSF 指令会直接跳到 JMP.-1 指令，该指令将直接跳回 TSF 指令。如果电传打印机已准备就绪，则 TSF 指令将跳到 TLS 指令，该指令将 A 寄存器中的字符发送到电传打印机。然后，JMP I PRTCHR 指令返回给调用者。

起初这种策略很有效。如果我们需要从读卡器读取卡片，我们使用直接与读卡器通信的代码。如果我们需要穿孔卡，我们编写直接操作卡片打孔的代码。程序工作得很完美。我们怎么能知道这是一个错误呢？

但是大批量的穿孔卡很难管理。它们可能会丢失、毁损、折断、混淆或掉落。个别的卡片可能会丢失，也可能会插入额外的卡片。因此，数据完整性成为一个重要问题。

磁带是解决方案。我们可以将卡片图像移动到磁带上。如果磁带掉了，记录不会被打乱。你不会意外丢失记录，或者仅仅通过交换磁带插入一个空白记录。磁带更安全，读写速度也更快，非常容易制作备份。

很不幸，我们所有的软件都是为了操作卡片阅读器和穿孔卡而编写的。这些程序必须重新编写来使用磁带。那将是一项艰巨的工作。

到了 20 世纪 60 年代末，我们已经吸取了教训并发明了设备独立性。当时的操作系统把输入输出设备抽象成了软件函数，处理看起来像卡片的单元记录。程序会调用操作系统服务，处理抽象的单元记录设备。操作员可以告诉操作系统，这些抽象服务是否应连接到卡片阅读器、磁带或任何其他单元记录设备。

现在相同的程序可以在不做任何改变的情况下读写卡片或读写磁带。这就诞生了开–闭原则（但尚未被命名）。

## 垃圾邮件

在 20 世纪 60 年代末，我曾在一家帮客户打印垃圾邮件的公司工作。客户会向我们发送带有记录的磁带，包含其客户的姓名和地址，我们则编写程序打印出精美的个性化广告。

你知道这种类型：

你好，马丁先生。

恭喜!

我们从住在韦奇伍德大道上的住户中选择了你参加我们全新的、仅限一次的精彩活动⋯⋯

客户会给我们寄来一大堆表格信件，上面除了姓名和地址，还有他们希望我们打印的任何其他元素。我们编写了程序从磁带中提取名字、地址和其他要素，并将这些要素准确地打印在表格上需要显示的位置。

这些表格信件重达 500lb（1lb=0.453 592 37kg），内含数千封信函。客户会向我们发送数百个这样的表格信件。我们会逐个印刷每一封信函。

起初，我们有一台 IBM 360 计算机，可以在其唯一的行式打印机上进行打印。我们每班可以打印几千封信。不幸的是，这会长时间占用这台昂贵的机器。在那个年代，IBM 360 每月的租金高达数万美元。

我们告诉操作系统使用磁带而不是行式打印机。我们的程序不在乎，因为它们已经被编写成使用操作系统的抽象输入输出对象。

IBM 360 可以在十分钟左右完成一整盘磁带的录制，足以打印数卷表格信函。这些磁带被带出计算机机房并安装到了连接离线打印机的磁带驱动器上。我们有五台这样的设备，每天 24 小时，每周七天运行这五台打印机，每周能够打印数十万份垃圾邮件。

设备独立的价值是巨大的！我们可以编写程序而无须知道或关心将使用哪种设备。我们可以使用连接到计算机的本地打印机测试这些程序。然后我们可以告诉操作系统"打印"到磁带上，并打印数十万张表格。

我们的程序有一种形式。这种形式将策略与细节分离开来。策略是姓名和地址记录的格式化。细节是设备。我们推迟了关于使用哪种设备的决定。

## 物理寻址

在 20 世纪 70 年代初，我为当地卡车司机工会开发了一个大型会计系统。我们使用了一块 25MB 的磁盘驱动器，用于存储代理、雇主和会员的记录。由于不同类型的记录大小不同，因此我们将磁盘的前几个柱面格式化，使每个扇区的大小正好适合代理记录。接下来的几个柱面被格式化为适合雇主记录的扇区大小。最后几个柱面则被格式化为适合会员记录的扇区大小。

我们编写了软件，用于了解磁盘的详细结构。它知道磁盘有 200 个柱面和 10 个磁头，每个柱面有数十个扇区。它知道哪些柱面保存了代理、雇主和会员的信息。所有这些都被硬编码到代码中。

我们在磁盘上保留了索引，使我们能够查找每个代理、雇主和成员。这个索引位于磁盘上的另一个特殊格式的柱面中。代理索引由包含代理 ID 的记录组成，以及该代理记录的圆柱号、磁头号和扇区号。雇主和成员也有类似的索引。成员还被保留在磁盘上的双向链接列表中。每个成员记录都包含下一个成员记录和上一个成员记录的圆柱、磁头和扇区号。

如果我们需要升级到一个新的磁盘驱动器——一个具有更多磁头、更多柱面或者每个柱面有更多扇区的驱动器，会发生什么？我们必须编写一个特殊的程序，从旧的磁盘中读取旧数据，然后将其写入新的磁盘，同时转换所有的柱面 / 磁头 / 扇区号。我们还必须更改我们代码中的所有硬编码，而这些硬编码无处不在！所有的业务规则都要详细了解柱面 / 磁头 / 扇区的结构。

有一天，一位更有经验的程序员加入了我们的团队。当他看到我们所做的工作时，他的脸色变得苍白，惊恐地凝视着我们，仿佛我们是某种外星人。然后他温柔地建议我们改变我们的寻址方案，使用相对地址。

聪明的同事建议我们将磁盘视为一个巨大的线性扇区数组，每个扇区都可通过一个顺序整数来寻址。然后我们可以编写一个小的转换程序，该程序了解磁盘的物理结构，并能够实时将相对地址转换为柱面／磁头／扇区号。

幸运的是，我们采纳了他的建议。我们将系统的高层策略改为对磁盘物理结构不加区分。这使我们能够将磁盘驱动器结构的决策与应用程序分开。

## 本章小结

本章中的两个故事是原则在小范畴内的例子，架构师在大范畴内采用同样的原则。优秀的架构师会仔细地将细节与策略分开，然后将策略与细节彻底解耦，以至于策略对细节一无所知，并且策略不以任何方式依赖细节。优秀的架构师会设计策略，以便对细节的决策能够尽可能地推迟。

# 第 16 章

# 独 立 性

正如我们之前所说，一个优秀的架构必须支持：

- ❑ 系统的用例和操作。
- ❑ 系统的维护。
- ❑ 系统的开发。
- ❑ 系统的部署。

# 用例

第一个要点——用例——意味着系统架构必须支持系统的意图。如果该系统是一个购物车应用程序，则架构必须支持购物车用例。确实，这是架构师的第一关注点和架构的首要优先事项。架构必须支持用例。

然而，正如我们之前讨论过的那样，架构对系统的行为没有太大的影响。架构可以保持开放状态的行为选项很少，但影响并不是很大。一个好的架构最重要的事情是能够支持澄清和暴露行为，使系统的意图在架构层面可见。

拥有良好架构的购物车应用程序将具备购物车应用程序的外观。该系统的用例将在其结构中明显可见。开发人员将不必寻找行为，因为这些行为将是一级元素，直接在系统的顶层可见。这些元素将是具有突出位置和清晰描述其功能名称的类、函数或模块。

第 21 章将更清楚地阐明这一点。

# 操作

架构在支持系统运行方面的作用更加重要，而不仅仅是起到美化的作用。如果系统必须每秒处理 100 000 个客户，架构必须支持每个需要此类吞吐量和响应时间的用例。如果系统必须在毫秒内查询大数据结构体（Cube），则架构必须构建成允许此类操作的结构。

对于某些系统，这意味着将系统的处理元素排列成一个数组，可以在许多不同的服务器上并行运行小服务。对于其他系统，这将意味着大量轻量级线程在单个处理器内共享单个进程的地址空间。而其他一些系统只需要在隔离的地址空间中运行少量进程。有些系统甚至可以作为简单的单体程序在单个进程中存在和运行。

尽管这个决定看起来很奇怪，但这是一个好的架构师保留的选项之一。一个以单体结构编写且依赖于该单体结构的系统，如果需要升级为多个进程、多个线程或者微服务将变得很困难。相比之下，系统的操作需求随时间而变化，保持其组件的适当隔离，并且不假定这些组件之间的通信方式的架构将更容易地过渡到线程、进程和服务等不同级别。

# 开发

架构在支持开发环境方面发挥了重要作用。这正是康威定律发挥作用的地方。康威定律说：设计系统的任何组织都会产生一种设计，其结构是该组织通信结构的复制品。

一个有许多团队和许多关注方的组织所开发的系统，必须具有促进这些团队独立行动的架构，以便在开发过程中团队互不干扰。通过将系统正确地划分为良好隔离、可独立开发的组件可以实现这一点。然后，将这些组件分配给可以彼此独立工作的团队进行开发。

# 部署

架构在决定系统部署的便利性方面也扮演着重要的角色。目标是"立即部署"。良好的部署架构不依赖于数十个小配置脚本和属性文件的调整。它不需要手动创建按顺序排列的目录或文件。良好的架构可以帮助系统在构建后立即部署。

通过正确地划分和隔离系统的组件来实现这一点，包括那些将整个系统联系在一起，并确保每个组件都得到正确启动、集成和监控的主要组件。

## 保持选项开放

一个好的架构会平衡所有这些问题，并有一个满足这些需求的组件结构。听起来很简单，对吧？好吧，对我来说写下这些确实很容易。

实际情况是，实现这种平衡相当困难。问题在于大多数情况下，我们不知道所有用例，也不知道操作约束、团队结构或部署要求。更糟糕的是，即使我们知道这些，随着系统生命周期的演进，它们也不可避免地会发生变化。简而言之，我们必须达到的目标是不明确和不稳定的。欢迎回到现实世界。

不过还是能找到解决方案的：一些架构原则的实现成本相对较低，可以帮助平衡这些问题，即使你没有明确的目标。这些原则帮助我们将系统划分为隔离良好的组件，使我们能够尽可能长时间地保留尽可能多的选项。

一个好的架构让系统易于更改，支持所有必要的修改，同时保持选项开放。

## 层级解耦

从用例出发考虑问题。架构师希望系统结构支持所有必要的用例，但他并不知道所有的用例。不过构师知道系统的基本意图。它是一个购物车系统，或者是一个材料清单系统，或者是一个订单处理系统。因此，架构师可以采用单一职责原则和共同封闭原则来区分那些因不同原因而更改的内容，并收集那些因相同原因而更改的内容（在给定系统意图的上下文环境下）。

因不同原因而发生变化的事情有些是很明显的。用户界面的变化与业务规则无关。用例包含了两者的元素。因此，好的架构师会想要将用例的 UI 部分与业务规则部分分开，使它们可以独立地进行更改，同时保持这些用例的可见性和清晰度。

业务规则本身可能与应用程序密切相关，也可能更为通用。例如，输入字段的验证是一项与应用程序本身密切相关的业务规则。相比之下，账户利息的计算和库存的盘点是与域更相关的业务规则。这两种不同类型的规则变化速度和变化原因不同，因此需要将它们分开，以便可以独立进行更改。

数据库、查询语言，甚至表结构，都是技术细节，与业务规则或用户界面无关。他们会以独立于系统其他方面的速度和原因发生变化。因此，架构应该将它们与系统的其余部分分离，以便可以独立地进行更改。

因此，我们发现系统被分成了解耦的水平层——用户界面、特定应用程序的业务规则、独立于应用程序的业务规则以及数据库，这里只是举几个例子。

## 解耦用例

因不同原因而改变的还有什么？用例本身就是！几乎可以肯定，向订单输入系统添加订单用例的变化速度和变化原因，肯定不同于从系统中删除订单的用例。用例是划分系统的一种非常自然的方式。

同时，用例是纵向的狭窄切片，穿过系统的水平层。每个用例使用一些用户界面、一些特定于应用程序的业务规则、一些独立于应用程序的业务规则和一些数据库功能。因此，当我们将系统划分为水平层时，我们也将系统划分为穿过这些层的细垂直用例。

为了实现这种解耦，我们将添加订单用例的用户界面与删除订单用例的用户界面分开。我们对业务规则和数据库也采取同样的做法。我们将保持用例在系统的垂直高度上的分离。

你可以在这里看到这个模式。如果你将系统的元素分离开来以应对不同原因的变化，那么你就可以继续添加新的用例而不会干扰旧的用例。如果你还将 UI 和数据库分组以支持这些用例，使得每个用例都使用不同的用户界面和数据库，那么添加新的用例将不太可能影响旧的用例。

## 解耦模式

现在想想对于第二个要点：操作，所有的这些解耦意味着什么。如果用例的不同方面被分开，那么必须以高吞吐量运行的部分很可能已经与必须以低吞吐量运行的部分分开了。如果用户界面和数据库已经与业务规则分开，那么它们可以在不同的服务器上运行。那些需要更高带宽的部分可以在许多服务器上进行复制。

简而言之，我们为用例而进行的解耦有助于运营。但是，为了发挥运营优势，解耦必须具备适当的模式。为了在单独的服务器上运行，分离的组件不能依赖于处理器的相同地址空间。它们必须是独立的服务，通过某种类型的网络进行通信。

许多架构师根据代码行数的模糊概念将这些组件称为"服务"或"微服务"。实际上，基于服务的架构通常被称为面向服务的架构。

如果这些术语让你紧张，请放轻松。我不会告诉你面向服务的架构是最好的架构，或者微服务是未来的浪潮。这里要强调的是，有时我们必须把组件分离到服务级别。

记住，一个好的架构会为你保留多种选项。解耦模式就是其中之一。

在我们进一步探讨该议题之前，让我们先看看另外两个要点。

## 可独立开发性

第三个要点是开发。很明显，当组件完全解耦，团队之间的互相干扰就可以减轻。如果业务规则不知道用户界面，那么专注用户界面的团队就不会对专注业务规则的团队产生太大影响。如果用例本身相互解耦，那么专注添加订单用例的团队不太可能与专注删除订单用例的团队产生干扰。

只要层次和用例分离，系统的架构就能支持团队的组织结构，无论他们是以特性团队、组件团队、层级团队还是其他形式组织起来的。

## 可独立部署性

用例和层级之间的解耦也提供了高度的部署灵活性。如果解耦做得好，那么应该可以在运行系统中热切换层级和用例。添加新用例可能只需要向系统添加一些新的 jar 文件或服务，而不用更改其他部分。

# 复制

架构师往往会陷入一个陷阱，这个陷阱的关键在于他们害怕复制。

在软件开发中，复制通常是一件不好的事情。我们不喜欢复制代码。当代码真正被复制时，作为专业人士，我们必须尽力减少和消除它。

但是有不同种类的复制。真正的复制是指对于一个实例做出的每个更改都需要对该实例的每个副本进行相同的更改。也有些是假的或不经意的复制。如果两个明显复制的代码部分沿着不同的路径演变——如果它们以不同的速率和原因发生变化——那么它们不是真正的复制。几年后回头看看它们，你会发现它们彼此非常不同。

现在想象一下有两种使用场景，它们有非常相似的屏幕结构。架构师很可能会强烈地想要共享这种结构的代码，但应该这么做吗？这是真正的复制吗？还是偶然的？

这很可能是偶然的。随着时间的流逝，这两个屏幕很可能会变得大相径庭，最终看起来非常不同。因此，必须注意避免将它们统一起来。否则，以后分开它们将会很麻烦。

当你垂直分离用例时，你将面临这个问题，你可能会因为用例具有类似的屏幕结构、相似的算法、相似的数据库查询和表结构而想要将它们耦合在一起。请小心应对，抵制诱惑，管住想消除重复的手。请确保复制是真实的。

同样，当你水平分离层级时，你可能会注意到特定数据库记录的数据结构与特定屏幕视图的数据结构非常相似。你可能会想要简单地将数据库记录传递到用户界面，而不是创建一个看起来相同的视图模型并复制元素。请小心：这种复制几乎是偶然的。创建单独的视图模型并不费力，它将帮助你保持层级的正确分离。

# 又一个解耦模式

回到模式。有许多方法来解耦层级和用例。它们可以在源代码级别、部署（二进制代码）级别和服务（执行单元）级别进行解耦。

❑ 源代码级别。我们可以控制源代码模块之间的依赖关系，以便对一个模块的更改不会强制其他模块也更改或重新编译（例如，Ruby Gems）。

在这种解耦模式下，所有组件都在同一个地址空间中执行，并使用简单的函数调用彼此通信。有一个单一的可执行文件加载到计算机内存中。人们通常称之为单体结构。

❑ 部署级别。我们可以控制部署单元之间的依赖关系，例如 jar 文件、DLL或共享库，这样对一个模块中源代码的更改不会强制其他模块进行重新构建和部署。

许多组件可能仍然在同一个地址空间中存在，并通过函数调用进行通信。其他组件可能存在于同一处理器中的其他进程中，并通过进程间通信、套接字或共享内存进行通信。重要的是，解耦的组件被分割成独立部署的单元，例如 jar 文件、Gem 文件或 DLL 文件。

❑ 服务级别。我们可以将依赖关系降低到数据结构的级别，并仅通过网络数据包进行通信，使每个执行单元完全独立于其他执行单元（例如，服务或微服务）的源文件和二进制变更。

最佳模式是什么？

答案是，在项目的早期阶段，很难知道哪种模式最好。事实上，随着项目的成熟，最优模式可能会发生变化。

例如，不难想象，现在在一台服务器上流畅运行的系统，可能会发展到其中某些组件应该在单独的服务器上运行的程度。当系统在单个服务器上运行时，源代码级解耦可能就足够了。然而，稍后可能需要解耦为可部署单元，甚至是服务。

一种解决方案（目前似乎很流行）是默认在服务级别简单地解耦。这种方法的问题在于它很昂贵，并且鼓励粗粒度解耦。无论微服务有多"微小"，解耦可能都不够细粒度。

服务级别解耦的另一个问题是，无论是在开发时间还是在系统资源方面，它都是昂贵的。处理不必要的服务边界是浪费精力、内存和计算时间的行为。当然，我知道后两者很便宜，但第一者不是。

我的偏好是将解耦推迟到可以形成服务的时候。如果有必要的话，随后尽可能长时间将组件保留在同一地址空间。这会将服务选项保持打开状态。

采用这种方法，最初在源代码级别分离组件。在项目的生命周期内，这已足够。但是，如果出现部署或开发问题，那么将某些解耦驱动到部署级别可能就足够了——至少暂时如此。

随着开发、部署和操作问题的增加，我会仔细挑选可部署的单元转化为服务，并逐渐将系统转向该方向。

随着时间的推移，系统的操作需求可能会下降。曾经需要在服务层面上解耦的事项现在可能只需要在部署层面或者源代码层面上解耦。

一种优秀的架构将允许一个系统作为一个整体诞生，部署在单个文件中，但随后它可以逐渐发展为一组独立可部署的单元，甚至是独立的服务或微服务。之后，随着事物的变化，它应该允许逆转这一进程，直到重新变成一个单体。

一个好的架构可以保护大部分源代码免于改变。它保留解耦模式作为一个选项，以便大规模部署可以使用一种模式，小规模部署可以使用另一种模式。

## 本章小结

是的，这很棘手。我并不是说解耦模式的更改应该是一个微不足道的配置选项（尽管有时这样做是合适的）。我的意思是，系统的解耦模式很可能会随着时间的推移而改变，一个好的架构师可以预见并适当地促进这些改变。

第 **17** 章

划分边界

软件架构是绘制线条的艺术，我称之为边界。这些边界将软件元素彼此分开，并限制了一侧软件元素对另一侧的了解程度。在项目的生命周期中，有些边界是非常早期绘制的，甚至在编写任何代码之前就已经绘制。有些边界则是在后期绘制的。早期绘制边界的目的是尽可能推迟决策，并防止这些决策扰乱核心业务逻辑。

请记住，架构师的目标是最大程度地减少构建和维护系统所需的人力资源。是什么消耗了这些人力？耦合——特别是与过早决策的耦合。

哪些类型的决策是过早的？与系统业务需求（用例）无关的决策，例如框架、数据库、Web 服务器、公用库、依赖注入等。一个好的系统架构不依赖这些决策，能够在最后时刻做出决策，并且不会对系统产生重大影响。

## 几个悲伤的故事

这是 P 公司的悲惨故事，提醒我们不要过早做出决策。20 世纪 80 年代，P 公司创始人编写了一款简单的单体桌面应用程序。到了 90 年代，他们取得了巨大的成功，并将产品扩展为一款受欢迎和成功的桌面 GUI 应用程序。

然而，到了 20 世纪 90 年代末，网络力量突然崛起。突然之间，每个人都必须拥有一个网络解决方案，P 公司也不例外。P 公司的客户们要求推出该产品的网络版本。为了满足这一需求，公司雇佣了一大群年轻有为的 20 多岁的 Java 程序员，并着手将他们的产品改造成网页版。

Java 的开发人员梦想着在服务器集群中运营，因此他们采用了一种丰富的三层“架构”<sup>⊖</sup>，以便在这些集群中进行分发。包括 GUI 服务器、中间件服务器和数据库服务器。当然，这只是他们的想法。

程序员们很早就决定，所有域对象都将有三个实例：一个在 GUI 层，一个在中间层，一个在数据库层。由于这些实例位于不同的机器上，因此建立了复杂

---

⊖　“架构”这个词在这里加引号是因为三层结构并不是架构本身，而是一种拓扑结构。一个好的架构应该尽量推迟此类决策。

的跨处理器和层间通信系统。各层间方法调用被转换为对象、序列化并通过网络传输。

现在想象一下，实现一个简单的功能，比如向现有记录中添加新字段所需的工作量。该字段必须添加到三个层次结构的类中，并且添加到几个层间消息中。由于数据是双向传输，因此需要设计四个消息协议。每个协议都有发送和接收方，因此需要八个协议处理程序。必须构建三个可执行文件，每个文件包含三个更新业务的对象、四个新消息和八个新处理程序。

想想这些可执行文件必须做什么才能实现最简单的功能。想想所有的对象实例化、序列化、封装和解封装、消息构建和解析、套接字通信、超时管理器、重试方案，以及为了完成一件简单的事情而必须做的其他额外事情。

当然，在开发期间，程序员们没有服务器集群。实际上，他们仅在单个机器上的三个不同进程中运行总共三个可执行文件。他们以这种方式开发了几年。但他们确信他们的架构是正确的。因此，即使在单台机器上执行，他们仍然将所有对象实例化、序列化、封装和解封装、消息构建和解析、套接字通信，以及其他额外的东西都放在单台机器上。

讽刺的是，P 公司从未销售过需要服务器集群的系统。他们部署的每个系统都是单个服务器。在单个服务器中，总共有三个可执行文件包含了所有对象实例化、序列化、封装和解封装、消息构建和解析、套接字通信以及额外的东西，这是为了等待一个从未存在过也永远不会存在的服务器集群。

悲剧在于架构师们过早地做出了决策，大大增加了开发工作量。

P 公司的故事不是特例。我在许多地方都看到过类似事情发生。实际上，P 公司展现的是所有问题的集合体。

但是 P 公司还并不是最倒霉的。

考虑 W 公司，一家管理公司车队的本地企业。他们最近聘请了一位"架构师"来控制他们的破烂软件。让我告诉你，也许这个家伙的小名就叫"控制"。他很快意识到这个小小的操作需要一个成熟的、企业级的、面向服务的"架构"。他创建了一个巨大的领域模型，涵盖了业务中的所有不同"对象"，设计了一套管理这些领域对象的服务，并让所有开发人员走上了一条通往地狱的道路。举个简单的例子，假设你要将联系人的姓名、地址和电话号码添加到销售记录中。你必须到 `ServiceRegistry` 去请求 `ContactService` 的服务 ID。然后，你必须向 `ContactService` 发送一个 `CreateContact` 消息。当然，这个消息有几十个字段，所有字段都必须包含有效数据——程序员无法访问这些数据，因为他们只有姓名、地址和电话号码。在伪造数据之后，程序员必须将新创建的联系人 ID 插入销售记录并发送一个 `UpdateContact` 消息到 `SaleRecordService`。

当然，为了测试这些东西，你必须逐个启动所有必要的服务，并启动消息总线、BPel 服务器等。然后，由于这些消息在服务之间传递并在队列中等待，因此存在传递延迟。

如果你想添加新功能——你可以想象一下所有这些服务之间的耦合、需要更改的 WSDL 的庞大数量，以及所有这些更改所需要的重新部署……

相比之下，地狱看起来还是个不错的地方。

围绕服务构建的软件系统本质上并没有什么问题。W 公司的错误在于过早地采用并实施了一套承诺提供面向服务架构（SoA）的工具，也就是说，过早地采用了大量的领域对象服务组合。这些错误导致的代价是大量耗费在 SoA 漩涡中的人力资源。

我可以继续讲述架构失败的例子，但让我们来谈谈成功的架构吧。

## 菲特内斯公司

我和儿子 Micah 2001 年开始在菲特内斯公司工作。我们想创建一个简单的 wiki，以包装 Ward Cunningham 的 FIT 工具，用于编写验收测试。

这时候还没有 Maven 来"解决"jar 文件下载问题。我坚持认为，我们制作的任何东西都不应该要求用户下载超过一个 jar 文件。我称这条规则为"下载并启动"。这条规则促使我们做出了许多决策。

最初的决策之一是编写我们自己的 Web 服务器，专门针对菲特内斯公司的需求。这听起来可能很荒谬。即使在 2001 年，我们也可以使用大量开源 Web 服务器。然而，编写我们自己的 Web 服务器被证明是一个非常好的决策，因为一个基本的 Web 服务器是一个非常简单的软件，它允许我们将任何 Web 框架决策推迟到很久以后[⊖]。

另一个早期的决策是避免考虑数据库。我们脑海中浮现出 MySQL，但我们故意推迟了这个决策，采用了一种使决策变得无关紧要的设计。这个设计非常简单，就是在所有数据访问和数据仓库之间放置一个接口。

我们将数据访问方法放在名为 `WikiPage` 的接口中。这些方法提供了我们查找、获取和保存页面所需的所有功能。当然，刚开始我们并没有实现这些方法；我们只是在处理不涉及数据获取和保存的功能时，将它们留作存根。

事实上，在三个月的时间里，我们只是致力于将 wiki 文本翻译成 HTML。这不需要任何类型的数据存储，所以我们创建了一个名为 `MockWikiPage` 的类，它只实现数据访问方法的存根。

最终，这些存根不足以支撑我们想编写的功能。我们需要真实的数据访问，而不是简单的存根。我们创建了一个名为 `InMemoryPage` 的 `WikiPage` 的新派生类。这个派生类实现了数据访问方法，以管理 wiki 页面的哈希表，我们将其保存在 RAM 中。

这让我们可以连续一整年不断地编写新功能。实际上，我们正是用这种方式，让菲特内斯公司程序的首个完整版本能够实现全部功能。我们能够创建页面并链接到其他页面，完成所有不同 wiki 格式的处理，甚至能够运行 FIT 测试。但唯一不能实现的是无法存储我们的工作成果。

在实现持久性的时候，我们考虑了一下 MySQL，但是我们认为这在短期内没有必要，因为将哈希表写入纯文件非常容易。所以我们实现了 `FileSystemWikiPage` 接口，它只是将功能移到了纯文件上，然后我们继续开发更多的功能。

三个月后，我们得出结论，纯文件方案已经足够好了；我们决定彻底放弃

---

⊖ 很多年后，我们才成功地将 Velocity 框架嵌入菲特内斯公司的软件中。

MySQL 的想法。我们将这个决定推迟到永远不需要，并从未改变。

要不是我们的一个客户决定将 wiki 放入 MySQL 以满足自己的需求，此事就已经结束了。我们向他展示了允许推迟决策的 `WikiPages` 架构。一天后，他展示了整个运行在 MySQL 上的系统。他只是编写了一个 `MySqlWikiPage` 派生类就让其运行起来了。

我们曾经将该选项与菲特内斯的官方版本捆绑在一起，但其他人从未使用过，所以最终我们放弃了它。甚至编写该派生类的客户最终也放弃了它。

在菲特内斯公司的早期开发中，我们在业务规则和数据库之间划定了一个边界。这个边界阻止了业务规则去感知数据库，除了简单的数据访问方法。这一决策使我们能够将数据库的选择和实施推迟一年多。它使我们可以尝试文件系统选项，并在看到更好的解决方案时改变方向。然而，当有人想要它时，架构并没有阻止或阻碍方案向着最初的方向（MySQL）前进。

事实上，我们在 18 个月的开发中并没有运行数据库，这意味着，在 18 个月的时间里，我们没有遇到模式问题、查询问题、数据库服务器问题、密码问题、连接时间问题以及其他一切在启动数据库时会出现的麻烦问题。这也意味着我们所有的测试运行得很快，因为没有数据库来拖慢它们的速度。

简而言之，划定边界帮助我们延迟和推迟决策，并最终为我们节省了大量时间和麻烦。这就是一个好的架构应该做的。

## 画哪些边界？画在哪里？

你需要在重要的事情和不重要的事情之间划清界限。GUI 对业务规则无关紧要，因此它们之间应该划分出边界。数据库对 GUI 也无关紧要，因此它们之间应该划分出边界。数据库对业务规则无关紧要，因此它们之间应该划分出边界。

有些人可能会拒绝其中一个或多个陈述，特别是关于业务规则不关心的数据库部分。许多人被教导要相信数据库与业务规则密不可分。甚至有些人相信数据库是业务规则的体现。

但是，正如我们将在另一章中看到的那样，这个想法是错误的。数据库是业务规则可以间接使用的工具。业务规则不需要了解架构、查询语言或数据库的任何细节。所有业务规则需要知道的是，有一组函数可以用于获取或保存数据。这使我们能够将数据库放在接口后面。

你可以在图 17.1 中清楚地看到这一点。业务规则使用数据库接口来加载和保存数据。数据库访问实现该接口并指导实际数据库的操作。

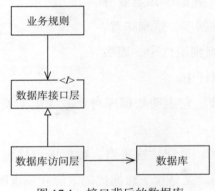

图 17.1　接口背后的数据库

图 17.1 中，类和接口都是符号的。在实际应用程序中，会有许多业务规则类、许多数据库接口类和许多数据库访问实现。但所有这些类都大致遵循相同的模式。

边界在哪里？边界在继承关系中绘制，就在数据库接口的正下方（见图 17.2）。

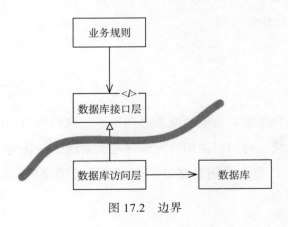

图 17.2　边界

请注意离开 `DatabaseAccess` 类的两个箭头。这两个箭头指向离开 `DatabaseAccess` 类的方向。这意味着这些类都不知道 `DatabaseAccess` 类的存在。

现在让我们后退一点。我们将查看包含许多业务规则的组件，以及包含数据库及其所有访问类的组件（见图 17.3）。

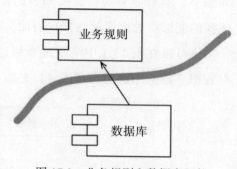

图 17.3　业务规则和数据库组件

请注意箭头的方向。数据库知道业务规则，业务规则不知道数据库。这意味着，数据库接口类位于业务规则组件中，而数据库访问类位于数据库组件中。

这条线的方向很重要。它表明数据库对业务规则无关紧要，但是没有业务规则，数据库就无法存在。

如果你觉得这很奇怪，请记住这一点：数据库组件包含将业务规则调用转换为数据库查询语言的代码。正是这个转换代码了解业务规则。

划定了这两个组件之间的边界，并将箭头指向业务规则之后，我们现在可以看到，业务规则可以使用任何类型的数据库。数据库组件可以用多种不同的实现来替代——业务规则并不在乎。

数据库可以使用 Oracle、MySQL、Couch、Datomic 甚至纯文件来实现。业务规则根本不在乎。这意味着可以推迟数据库决策，在做出数据库决策之前，你可以专注于编写和测试业务规则。

## 输入和输出

开发人员和客户经常对系统的概念感到困惑。他们看到用户界面，并认为用户界面就是整个系统。他们根据用户界面来定义系统，并认为一看到用户界面系统就应该立即开始工作。他们忽略了一个至关重要的原则：输入输出是无关紧要的。

这可能一开始很难理解。我们通常用输入输出的行为来考虑系统的行为。例如，考虑一个视频游戏。你的体验主要由接口支配：屏幕、鼠标、按钮和声音。你忘记了在这个接口后面有一个模型（一组复杂的数据结构和函数）来驱动它。更重要的是，这个模型不需要接口。它会对游戏中的所有事件进行建模，而不需要将游戏显示在屏幕上。接口对于模型的业务规则并不重要。

因此，我们再次看到图形用户界面组件和业务规则组件之间被边界隔开了（见图 17.4）。我们再次看到，相关性较低的组件取决于相关性较高的组件。箭头显示了哪个组件了解另一个组件，因此哪个组件需要关心另一个组件。比如图形用户界面组件关心业务规则组件。

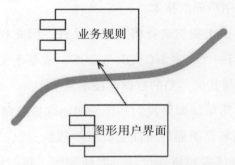

图 17.4　图形用户界面组件与业务规则组件之间的边界

画出这个边界和箭头后，我们现在可以看到用户图形界面可以被任何其他类型的界面所替代，而业务规则并不在意。

## 插件化架构

总的来说，关于数据库和用户图形界面的决策为添加其他组件创造了一种模式。该模式与允许第三方插件的系统使用的模式相同。

事实上，软件开发技术的历史就是如何方便地创建插件以建立可扩展和可维护的系统架构的故事。核心业务规则与可选或可以以多种不同形式实现的组件分开并保持独立（见图 17.5）。

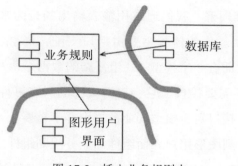

图 17.5  插入业务规则中

由于此设计中的用户界面被视为插件，因此我们可以插入许多不同类型的用户界面。它们可以基于 Web、基于客户端 / 服务器模式、基于 SoA、基于控制台或基于任何其他类型的用户界面技术。

数据库也是如此。由于我们选择将其视为插件，因此我们可以将其替换为各种 SQL 数据库中的任何一个，或 NOSQL 数据库，或基于文件系统的数据库，或将来可能认为必要的任何其他类型的数据库技术。

这些替换可能并不简单。如果我们系统的初始部署是基于 Web 的，那么编写客户端 – 服务器用户图形界面插件可能会具有挑战性。很可能业务规则和新用户图形界面之间的某些通信需要重新设计。即便如此，我们从假定插件结构开始，至少使这样的更改变得可以落地。

## 关于插件化的争论

考虑一下 ReSharper 和 Visual Studio 之间的关系。这些软件是由完全不同的公司完全不同的开发团队开发出来的。事实上，ReSharper 的制造商 JetBrains 位于俄罗斯。而微软位于华盛顿州的雷德蒙德。很难想象两个更独立的开发团队了。

哪个团队能够伤害另一个团队？哪个团队对另一个团队伤害免疫？依赖结构讲述了这个故事（见图 17.6）。ReSharper 的源代码依赖于 Visual Studio 的源代码。因此，ReSharper 团队无法对 Visual Studio 团队造成干扰。但是，如果愿意的话，Visual Studio 团队可以完全禁用 ReSharper 团队。

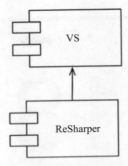

图 17.6　ReSharper 依赖于 Visual Studio

这是一种非常不对等的关系，也是我们希望在自己的系统中拥有的关系。我们希望某些模块不受其他模块的影响。例如，我们不希望当有人更改网页的格式或更改数据库的架构时破坏业务规则。我们不希望系统某一部分的更改导致其他无关部分发生故障。我们不希望系统表现出这种脆弱性。

使用插件架构来设计我们的系统，会在其中创建防火墙，使变更无法穿越这些防火墙。比如给业务规则添加用户图形界面，这种变更不会影响现有的业务规则。

在有变化差异的地方划定边界。边界一侧的变量与另一侧的变量变化速率不同，变化原因也不同。

用户图形界面的变化时间和速率与业务规则不同，因此它们之间应该有边界。业务规则的变化时间和原因与依赖注入框架不同，因此它们之间也应该有边界。

这是单一职责原则的再次体现。单一职责原则告诉我们应该在哪里划分边界。

## 本章小结

要在软件架构中绘制边界，首先要将系统划分为不同的组件。其中一些组件是核心业务规则，其他组件则是插件，包含与核心业务无直接关系但却必要的函数。然后，将代码排列在这些组件中，以便它们之间的箭头指向核心业务方向。

你应该认识到这是依赖反转原则和稳定抽象原则的应用。依赖关系箭头的排列方式是从较低级别的详细信息指向较高级别的抽象。

第 **18** 章

# 边界剖析

系统的架构由一组软件组件和分隔它们的边界所定义。这些边界有许多不同的形式。在本章中，我们将介绍一些最常见的。

## 跨越边界

在运行时，跨越边界是指边界一侧的函数调用另一侧的函数并传递一些数据。创建适当的跨越边界的技巧是管理源代码的依赖关系。

为什么需要管理源代码？因为当一个源代码模块发生变化时，其他源代码模块可能需要进行修改或重新编译，然后进行重新部署。管理和构建防火墙来抵御这种变化是边界的意义所在。

## 可怕的单体应用

最简单、最常见的架构边界没有严格的物理表示。它只是在单个处理器和单个地址空间内对功能和数据的严格隔离。在前面章节中，将其称为源代码级解耦模式。

从部署的角度来看，这只不过是一个可执行文件，即所谓的单体应用程序。此文件可能是一个静态链接的 C 或 C++ 项目、一组 Java 类文件绑定在一起形成一个可执行的 jar 文件，或者一组 .NET 二进制文件绑定在一起形成一个单独的 .EXE 文件等。

单体应用部署期间，边界不可见并不意味着它们不存在或无意义。即使是静态链接到单个可执行文件，独立开发和整合各组件的能力也非常有价值。

此类架构几乎总是依赖于某种动态多态性⊖来管理其内部依赖关系。这也是近几十年来面向对象开发成为如此重要范式的原因之一。如果没有面向对象或等效的多态性，架构师必须回退到使用函数指针以实现适当解耦的危险做法。大多

---

⊖ 动态多态性（例如泛型或模板）有时可以成为单体系统中依赖管理的有效手段，特别是在像 C++ 这样的语言中。然而，泛型所提供的解耦并不能像动态多态性一样，让你免于重新编译和重新部署。

数架构师发现过度使用函数指针太过危险，因此他们被迫放弃任何类型的组件分区。

最简单的跨越边界是从低层客户端调用高层服务的函数。运行时依赖和编译时依赖都指向同一个方向，即指向高层组件。

在图 18.1 中，控制流从左到右跨越边界。客户端在服务上调用函数 f()。它传递了一个数据实例。<DS> 标记仅表示数据结构。数据可以作为函数参数传递，也可以通过一些其他更复杂的方式传递。请注意，数据的定义位于边界的被调用方。

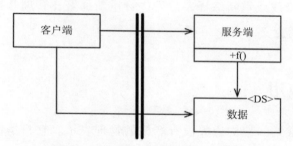

图 18.1 控制流从低层到高层跨越边界

当高层客户端需要调用低层服务时，使用动态多态性来反转控制流的依赖关系。运行时依赖性与编译时依赖性相对立。

在图 18.2 中，控制流像以前一样从左向右跨越边界。高层客户端通过服务接口调用低层服务具体实现的 f() 函数。然而，请注意，所有依赖项都从右向左越过边界，朝向更高层的组件。还要注意，数据结构的定义位于边界的调用方。

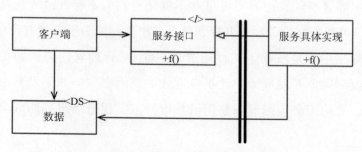

图 18.2 控制流反转的跨越边界

即使在静态链接的单体可执行文件中，这种规范的分区也可以极大地帮助开发、测试和部署项目的工作。团队可以在自己的组件上相互独立工作，而不会产生干扰。高层组件独立于低层的实现细节。

单体架构中组件之间的通信非常快速且便宜。它们通常只是函数调用。因此，跨越源代码级别解耦边界的通信可能会非常频繁。

由于单体架构的部署通常需要编译和静态链接，因此这些系统中的组件通常作为源代码提供。

## 部署组件

架构边界最简单的物理表示形式是动态链接库，如 .Net DLL、Java jar 文件、Ruby Gem 或 UNIX 共享库。部署不涉及编译。相反，组件以二进制或某种等效的可部署形式交付。这是部署级别的解耦模式。部署行为只是将这些可部署单元以某种方便的形式聚集在一起，例如 WAR 文件，甚至只是一个目录。

除此之外，部署级组件与单体应用程序相同。通常所有功能都存在于同一处理器和地址空间中。隔离组件和管理其依赖关系的策略也相同⊖。

与单体应用程序一样，跨越部署组件边界的通信只是函数调用，因此非常廉价。可能会有动态链接或运行时加载的一次性开销，但这些边界间的通信仍然可能非常频繁。

## 线程

单体式架构和部署组件都可以利用线程。线程不是架构边界或部署单位，而是一种组织调度和执行顺序的方式。它们可以完全包含在组件中，也可以分布在多个组件中。

---

⊖ 尽管在这种情况下，静态多态性不是一种选择。

## 本地进程

更强的物理架构边界是本地进程。本地进程通常是通过命令行或等效的系统调用创建的。本地进程运行在同一处理器或同一组处理器内的多核处理器中，但运行在单独的地址空间中。内存保护通常阻止这些进程共享内存，但一般会使用共享内存分区。

大多数情况下，本地进程使用套接字或某种其他类型的操作系统通信设施（如邮箱或消息队列）进行通信。

每个本地进程可以是静态链接的独立单体应用，也可以由动态链接的部署组件组成。在前一种情况下，多个独立单体进程可以编译并链接到相同的组件。在后一种情况下，它们可以共享相同的动态链接部署组件。

将本地进程视为超级组件的一种：该进程由较低级别的组件组成，这些组件通过动态多态性管理依赖关系。

本地进程之间的隔离策略与单体架构和二进制组件相同。源代码依赖关系在跨越边界时指向相同方向，并且始终指向更高级别的组件。

对于本地进程，这意味着更高级别进程的源代码不能包含较低级别进程的名称、物理地址或注册表主键。请记住，架构的目标是使较低级别进程成为更高级别进程的插件。

跨本地进程边界的通信涉及操作系统调用、数据编组和解码以及进程间上下文切换，这些都是相当昂贵的。应该谨慎地限制过于频繁的通信。

## 服务

最强的边界是服务。服务是一个进程，通常从命令行或通过等效的系统调用启动。服务不依赖于其物理位置。两个通信的服务可能（也可能不）在同一物理处理器或多核处理器上运行。服务假定所有通信都通过网络进行。

与函数调用相比，跨服务边界的通信非常慢。往返时间可以从几十毫秒到几秒钟不等。应尽量避免使用。此级别的通信必须处理高延迟。

另一方面，适用于服务的规则与适用于本地进程的规则相同。较低级别的服务应"插入"较高级别的服务。较高级别服务的源代码不得包含任何较低级别服务的任何特定具体内容（例如 URI 统一资源标识符）。

## 本章小结

除了单体架构，大多数系统都使用多种边界策略。使用服务边界的系统也可能具有一些本地进程边界。实际上，服务通常只是一组相互作用的本地进程的外观。服务或本地进程几乎是由源代码组件组成的单体，或者是一组动态链接的部署组件。

这意味着系统中的边界通常是本地通信边界和其他延迟敏感型边界的混合体。

# 第19章

## 策略和级别

　　软件系统是对策略的声明。事实上，从本质上讲，这就是计算机程序的本质。计算机程序是将输入转换为输出策略的详细描述。

　　在大多数复杂的系统中，该策略可以分解成许多不同的较小策略声明。其中一些声明将描述特定业务规则的计算方式，而其他声明将描述某些报告的格式，还有一些将描述如何验证输入数据。

　　软件开发架构的艺术之一，是精心将这些策略彼此分离，并根据它们的变化方式进行重新分组。由于相同原因在同一时间内发生变化的策略处于相同的级别，并且归属同一组件。由于不同的原因或在不同时间发生变化的策略处于不同的级别，应该分别放入不同的组件中。

　　架构的艺术通常包括将重新分组的组件形成有向无环图。图的节点是包含相同级别策略的组件。有向边是这些组件之间的依赖关系。它们连接位于不同级别的组件。

　　这些依赖关系是源代码、编译时的依赖关系。在 Java 中，它们是 `import` 语句；在 C# 中，它们是 `using` 语句；在 Ruby 中，它们是 `require` 语句。这些依赖关系是编译器运行所必备的。

　　一个好的架构设计，组件间的依赖方向是基于它们所连接的组件的级别。在任何情况下，低级别组件都被设计为依赖高级别组件。

## 级别

　　"级别"的严格定义是"与输入和输出的距离"。策略与系统的输入和输出越远，级别越高。管理输入和输出的策略是系统中最低级别策略。

　　图 19.1 中的数据流程图描述了一个简单的加密程序，它从输入设备读取字符，使用表格转换字符，然后将已翻译的字符写入输出设备。数据流显示为弯曲的实心箭头。正确设计的源代码依赖项显示为直线虚线。

　　翻译组件是此系统中级别最高的组件，因为它是离输入和输出最远的组件⊖。

---

　　⊖　梅利尔·佩奇－琼斯在其 1988 年出版的《结构化系统设计实践指南》一书中将此组件称为"中央转换器"。

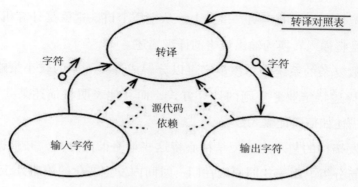

图 19.1　简单的加密程序

请注意，数据流和源代码之间的依赖关系并不总是指向相同的方向。这也是软件架构艺术的一部分。我们希望源代码的依赖关系与数据流解耦，并与层级耦合。

如果像这样编写加密程序的话，很容易创建错误的架构：

```
function encrypt() {
  while(true)
    writeChar(translate(readChar()));
}
```

这种设计是不正确的，因为高级别的加密函数依赖于低级别的 readChar 和 writeChar 函数。

图 19.2 中的类图展示了此系统更好的架构。请注意 Encrypt 类以及 CharWriter 和 CharReader 接口周围的虚线边框。跨越该边界的所有依赖项都指向内部。该单元是系统中最高级别的元素。

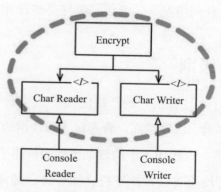

图 19.2　类图展示了更好的系统架构

在这里 ConsoleReader 和 ConsoleWriter 显示为类。它们是低级别的，因为它们更接近输入和输出。

请注意，此结构将高级别的加密策略与低级别的输入 / 输出策略分离。这使得加密策略可以在各种上下文中使用。当更改输入和输出策略时，不太可能影响加密策略。

回想一下，策略根据其变更方式分为不同的组件。根据 SRP 和 CCP，因同样原因和同一时间而更改的策略被分为一组。更高级别的策略——离输入和输出最远的策略——往往比低级别的策略变化较少，而且是出于更重要的原因。靠近输入和输出的低级别的策略，往往会因不太重要的原因频繁更改，且更为紧急。

例如，在加密程序这个微不足道的例子中，输入输出设备发生改变的可能性远大于加密算法发生变化的可能性。如果加密算法确实发生了变化，那么可能是由于更重大的原因而不仅仅是因为输入输出设备的变化。

将这些策略分离，使所有源代码依赖指向更高级别的策略，可以减少变更的影响。系统最低级别上发生的琐碎但紧急的变更对更重要的高级别几乎没有影响。

看待这个问题的另一种方法是，注意到较低级别的组件应该作为较高级别组件的插件。图 19.3 中的组件图展示了这种情况。加密组件不知道输入输出设备组件的存在；输入输出设备组件依赖于加密组件。

图 19.3　较低级别组件应该插入较高级别组件中

## 本章小结

到目前为止，关于策略的讨论涉及了单一职责原则、开闭原则、共同封闭原则、依赖反转原则、稳定依赖原则和稳定抽象原则的混合。回顾一下，看看能否确定每个原则的应用位置以及为什么使用这个原则。

# 第 20 章

## 业务规则

如果我们要把应用程序划分为业务规则和插件，我们最好充分了解业务规则是什么。事实证明，存在几种不同类型的业务规则。

严格来说，业务规则是使企业赚钱或节省业务资金的规则或程序。更严格地说，这些规则将赚取或节省企业资金，无论它们是否在计算机上实施。即使手动执行，它们也能赚钱或省钱。

银行对贷款收取 *N*% 的利息是一项能让银行赚钱的商业规则，无论是计算机程序还是用算盘计算利息的职员，都不影响这一规则。

我们将这些规则称为关键业务规则，因为它们对业务本身至关重要，即使没有自动化系统，它们也会存在。

关键业务规则通常需要一些数据才能使用。例如，我们的贷款需要贷款余额、利率和付款计划。

我们将这些数据称为关键业务数据。即使系统没有自动化，也会存在该数据。

关键规则和关键数据是密不可分的，因此它们是对象的良好候选者。我们将这种对象称为实体。⊖

# 实体

实体是计算机系统中的一个对象，它包含一组基于关键业务数据进行操作的小型关键业务规则。实体对象要么包含关键业务数据，要么可以很容易地访问该数据。实体的接口由实现对该数据进行操作的关键业务规则的功能组成。

例如，图 20.1 展示了贷款实体在 UML 中作为类的样子。它有三个关键业务数据，同时在其接口上呈现了三个相关的关键业务规则。

当我们创建该类时，我们正在将实现业务关键概念的软件聚集在一起，并将其与我们正在构建的自动化系统中的所有其他问题分开。这个类作为业务代表独立存在。它无所谓数据库、用户界面或第三方框架是什么。它可以在任何系统中

---

⊖　这是 Ivar Jacobson's 给这个概念起的名字 (I. Jacobson et al., *Object Oriented Software Engineering*, Addison-Wesley, 1992)。

为业务提供服务，而不管该系统如何呈现，如何存储数据，或者该系统中的计算机是如何排列的。实体是纯粹的业务，没有其他东西。

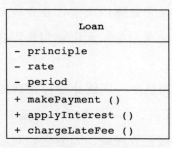

图 20.1　UML 中的贷款实体类

可能有些人担心我把它称为"类"。不用担心。你不需要使用面向对象的语言来创建实体。你所需的只是将关键业务数据和关键业务规则绑定在单独的软件模块中。

# 用例

并非所有业务规则都像实体一样纯粹。一些业务规则通过定义和约束自动化系统的运行方式来为业务赚钱或节省资金。这些规则不会在手动环境中使用，因为它们仅作为自动化系统的一部分才有意义。

例如，想象一款银行职员用于创建新贷款的应用程序。银行可能会决定，在信贷员首先收集和验证联系信息并确保候选人的信用评分为 500 或更高之前，它不希望信贷员提供贷款支付估算。因此，银行可能会规定，在联系信息完成填写并验证，以及确认信用评分大于规定值后，系统才会进入付款估算界面。

这是一个用例。用例是对自动化系统使用方式的描述。它指定用户提供的输入，返回给用户输出以及生成该输出所涉及的处理步骤。用例描述了特定应用程序的业务规则，而不是实体中的关键业务规则。

图 20.2 展示了一个用例示例。请注意，最后一行提到了客户。这是对客户实体的引用，该实体包含了管理银行与其客户关系的关键业务规则。

```
┌─────────────────────────────────────────────────────┐
│                采集新增贷款的联系人信息                    │
│                                                       │
│  输入：姓名、地址、生日、驾照、社会保险号等                  │
│  输出：输入内容的回显和信用分数                            │
│                                                       │
│  业务代码处理的主流程：                                   │
│  1. 核对姓名                                           │
│  2. 核对其他信息                                        │
│  3. 得出信用分                                          │
│  4. 信用分低于 500 则拒绝                                │
│  5. 否则创建用户并开始贷款估算                             │
│                                                       │
└─────────────────────────────────────────────────────┘
```

图 20.2　用例示例

　　用例包含规定实体内的关键业务规则何时以及如何被调用的规则。用例控制实体的运作方式。

　　请注意，用例除了非正式地指定从该接口传入的数据以及通过该接口返回的数据，不描述用户界面。从用例来看，无法判断应用程序是在 Web 上提供的，还是在完整客户端上提供的，或是在控制台上提供的，或者是纯服务。

　　这一点非常重要。用例并没有描述系统在用户面前的表现方式。相反，它们描述了管理用户与实体之间交互的应用程序的特定规则。数据如何出入系统与用例无关。

　　用例是一个对象。它具有一个或多个功能，实现应用程序特定的业务规则。它还具有数据元素，包括输入数据、输出数据和与之交互的相应实体的引用。

　　实体无法了解控制它们的用例，这是遵循依赖反转原则的另一个示例。高级别概念（如实体）对较低级别的概念（如用例）一无所知。相反，低级别用例了解更高级别的实体。

　　为什么实体级别较高，用例级别较低？因为用例特定于单个应用程序，因此更接近该系统的输入和输出。实体是可用于许多不同应用程序的概括，因此它们离系统的输入和输出更远。用例取决于实体，实体不依赖于用例。

## 请求和响应模型

用例需要输入数据，并生成输出数据。然而，一个良好构造的用例对象不应该知道数据是如何被传递给用户或任何其他组件的。我们肯定不希望用例类内部的代码了解 HTML 或 SQL！

用例类接受简单的请求数据结构作为其输入，并返回简单的响应数据结构作为其输出。这些数据结构不依赖于任何东西。它们不是从标准框架接口（如 **HttpRequest** 和 **HttpResponse**）派生的。它们对 Web 一无所知，也不分享任何可能存在的用户界面的缺陷。

没有依赖关系很重要。如果请求和响应模型不是独立的，则依赖于它们的用例将间接绑定到模型所承载的依赖关系上。

你可能希望这些数据结构包含对实体对象的引用。你可能认为这是有道理的，因为实体和请求 / 响应模型共享很多数据。别被诱惑了！这两个对象的目的非常不同。随着时间的推移，它们会因不同的原因而发生变化，因此以任何方式将它们联系在一起都违反了共同封闭原则和单一职责原则。结果将是代码中的大量无用数据和大量判断条件语句。

## 本章小结

业务规则是软件系统存在的原因。它们是核心功能。它们承载着赚钱或省钱的代码。它们是祖传珍宝。

业务规则应该保持纯净，不受用户界面或数据库等基本问题的影响。理想情况下，代表业务规则的代码应该是系统的核心，要避免耦合不必要的功能。业务规则应该是系统中最独立和可重用的代码。

# 第 21 章

# 架构的自白

想象一下，你正在查看一座建筑的蓝图。这份文件由建筑师准备，提供了该建筑物的平面图。这些平面图可以告诉你什么？

如果你正在查看的平面图是单户住宅，那么你可能会看到一个正门、一个通向客厅的门厅，也许还有一个餐厅。不远处可能会有一个厨房，靠近餐厅。也许厨房旁边有一个用餐区，可能还有一个家庭房。当你查看该平面图时，毫无疑问，你正在查看一个单户住宅。建筑风格会表明：这是"家"。

现在假设你正在看一座图书馆的架构。你很可能会看到一个宏伟的入口、一个办理借还书的区域、阅读区、小型会议室，以及一层层书架，能够容纳图书馆里的所有书籍。这种建筑风格会表明：这是"图书馆"。

那么，你的应用程序的架构会表明什么呢？当你查看顶层目录结构和最高级别软件包中的源文件时，它们是代表"医疗保健系统""会计系统""库存管理系统"的意思吗？还是代表"Rails""Spring/Hibernate""ASP"的意思？

## 架构的主题

回顾 Ivar Jacobson 的关于软件架构的开创性作品：《面向对象的软件工程》。注意书的副标题：基于用例驱动的方法。在本书中，Jacobson 指出软件架构是支持系统用例的结构。就像一座房子或一座图书馆的平面图揭示了这些建筑物的用例一样，一个软件应用程序的架构也应该清晰地凸显应用程序的用例。

架构不是（或不应该）与框架有关。架构不应由框架提供。框架是要使用的工具，而不是要遵循的架构。如果你的架构基于框架，那么它就无法基于你的用例。

## 架构的目的

好的架构是以用例为中心的，这样架构师可以安全地描述支持这些用例的结构，而无须承诺框架、工具和环境。同样，考虑房屋的建设平面图。建筑师的第一个关注点是确保房屋可用，而不是确保房屋由砖头做成。确实，建筑师会努力确保在计划满足用例后，再做出有关外部材料（砖、石或雪松）的决策。

一个好的软件架构允许关于框架、数据库、Web 服务器和其他环境问题和工具的决策被推迟和延迟。框架是待定的选项。一个好的架构使得没有必要决定是否使用 Rails、Spring、Hibernate、Tomcat 或 MySQL，直到项目的后期。一个好的架构也使得更改这些决策变得容易。一个好的架构强调用例，并将它们与外围问题分离。

## Web 是架构吗

Web 是一种架构吗？系统在 Web 上交付的事实是否决定了系统的架构？当然不是！ Web 是一种交付机制（一种 IO 设备），你的应用程序架构应该将其视为一种交付机制。你的应用程序通过 Web 交付是一个细节，不应主导你的系统结构。事实上，你的应用程序将通过 Web 交付的决策是你应该推迟的决策。你的系统架构应该尽可能地不关心它将如何被交付。你应该能够将其作为控制台应用、Web 应用、客户端应用，甚至是 Web 服务端应用交付，而不会对基本架构造成不必要的复杂性或更改。

## 框架是工具，而不是生活方式

框架是非常强大和有用的。框架设计者通常非常相信自己的框架。他们写的如何使用框架的例子都是从真正使用者的角度去讲述的。其他框架的设计者也往往是该框架的使用者。他们向你展示了使用框架的方法。通常，他们会让框架包罗万象、无所不在、无所不能。

这不是你想处于的境地。

以怀疑的眼光审视每个框架，持怀疑态度。是的，它可能会有所帮助，但代价是什么？问问自己如何使用它，如何避免被它反噬。思考如何保留架构的重点用例。制定一项策略，防止框架接管架构。

## 可测试的架构

如果你的系统架构都是关于用例的，并且你已经和框架保持了一定的距离，那么你应该能够在没有任何框架的情况下对所有这些用例进行单元测试。你不需要启动 Web 服务器来运行测试。不需要连接数据库来运行测试。实体对象应该是纯粹的对象，不依赖于框架、数据库或其他复杂的东西。你的用例对象可以与你的实体对象协调一致。最后，在不涉及任何框架复杂性的情况下，这些应该可以集成测试。

## 本章小结

你的架构应该告诉读者关于系统的信息，而不是你在系统中使用的框架。如果你正在构建一个医疗保健系统，那么当新程序员查看源代码库时，他们的第一印象应该是："哦，这是一个医疗保健系统。"这些新程序员应该能够学到系统的所有用例，不过他们仍然不知道系统是如何实现的。他们可能会来找你说：

"我们看到一些看起来像模型的东西，但是视图和控制器在哪里？"

你应该这样回应：

"哦，那些都是现在无须关心的细节问题。我们稍后再决定。"

# 第22章

# 整洁架构

在过去的几十年里，我们见证了涵盖系统架构的各种想法，其中包括：

❑ 六边形架构（也称为端口和适配器），由 Alistair Cockburn 开发，并在 Steve Freeman 和 Nat Pryce 的著作《测试驱动的面向对象软件》中得到采用；

❑ DCI，由 James Coplien 和 Trygve Reenskaug 提出；

❑ 边界控制实体模式，由 Ivar Jacobson 在其著作《面向对象的软件工程：基于用例驱动的方法》中引入。

尽管这些架构在细节上都有所不同，但它们非常相似。它们都有相同的目标，即分离关注点。它们都通过将软件划分为层来实现这种分离。每种架构方法至少有一个层用于业务规则，另一个层用于用户和系统接口。

每种架构都会产生具有以下特征的系统。

❑ 不依赖框架。此架构不依赖于某些功能丰富的软件库。这使你能够将这些框架作为工具使用，而不是强迫你将系统塞入其有限的限制中。

❑ 可测试性。业务规则可在没有用户界面、数据库、Web 服务器或其他任何外部元素的情况下进行测试。

❑ 不依赖用户界面。用户界面可以轻松更改，而无须更改系统的其余部分。例如，Web 用户界面可以替换为控制台用户界面，而不必更改业务规则。

❑ 不受数据库限制。你可以将 Oracle 或 SQL Server 替换为 Mongo、BigTable、CouchDB 或其他数据库。你的业务规则不会与数据库绑定。

❑ 不受任何外部机构的控制。事实上，你的业务规则对外部世界的接口一无所知。

图 22.1 是将所有这些架构集成为一个可落地方案的尝试。

## 依赖规则

图 22.1 中的同心圆代表了软件的不同区域。通常来说，越向内，软件层级越高。外圈是机制，内圈是策略。

使得该架构运作的主要规则是依赖规则：源代码依赖关系必须只指向内部，

指向更高级别的策略。

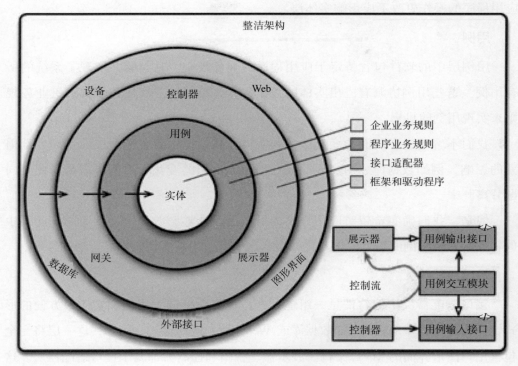

图 22.1　整洁架构

　　内圈中的任何东西都不该知道外圈中的内容。特别是，在内圈的代码中不能提到外圈中声明的某些东西的名称，包括函数、类、变量或任何其他命名的软件实体。

　　同样，外圈中声明的数据格式不应被内圈使用，特别是如果这些格式是在外圈中的框架生成的。我们不希望外圈中的任何内容影响内圈。

**实体**

　　实体封装了面向对象的关键业务规则。实体可以是带有方法的对象，也可以是一组数据结构和函数。只要实体能被企业中的许多不同应用程序使用就够了。

　　如果你没有企业，只是编写单个应用程序，则这些实体就是应用程序的业务对象。它们封装了最通用和最高级别的规则。当有外部变化时，它们是最不可能改变的。例如,你不会期望这些对象受到页面导航或安全性更改的影响。对特定应用程序的操作更改不应影响实体层。

### 用例

用例层中的软件包含特定于应用程序的业务规则。它封装并实现了系统的所有用例。这些用例协调着进出实体的数据流,并指导这些实体使用其关键业务规则来实现用例的目标。

我们不希望这个层面的变化影响到实体。我们也不希望这个层面受到外部因素的影响,例如数据库、用户界面或任何通用框架的变化。用例层需要与此类问题分离开来。

但是,我们确实希望对应用程序的操作更改能够影响用例,从而影响此层中的软件。如果用例的细节发生变化,那么这一层中的某些代码肯定会受到影响。

### 接口适配器

接口适配器层中的软件是一组适配器,可将数据从对用例和实体最方便的形式转换为对某些外部机构(如数据库或 Web)最方便的形式。例如,这一层将完全包含用户图形界面的 MVC 架构。展示器、视图和控制器都属于接口适配器层。这些模型可能只是从控制器传递到用例的数据结构,然后再从用例返回到展示器和视图。

类似地,在此层中,数据从对实体和用例最方便的形式转换为对正在使用的持久化框架(即数据库)最方便的形式。这个圈子内部的任何代码都不应该知道关于数据库的任何信息。如果数据库是 SQL 数据库,则应将所有 SQL 限制在此层,特别是此层中与数据库相关的部分。

在该层中还有其他适配器,将数据从某些外部形式(例如外部服务)转换为用例和实体使用的内部形式。

### 框架和驱动器

图 22.1 中模型的最外层通常由框架和工具组成,例如数据库和 Web 框架。通常在此层中不会编写太多代码,除了与内圈通信的黏合代码。

框架和驱动程序层是所有细节之所在。网络是细节，数据库也是细节。我们将这些东西放在外面，这样它们就不会造成太大的影响。

### 只有四环吗?

图 22.1 中的圆圈是模式化的：你可能会发现需要的不止四环。没有规则限制你只能用四环。但是，依赖关系规则始终是适用的。源代码依赖项始终指向内部。当你向内移动时，抽象和策略的级别会升高。最外层的圆圈由低级别的具体细节组成。当你向内移动时，软件会变得更加抽象，并封装了更高级别的策略。最里面的圆圈是最通用和最高的抽象层次。

### 跨越边界

图 22.1 中图表的右下角是我们如何跨越圆圈边界的示例。它展示了控制器和展示器如何与下一层中的用例进行通信。请注意控制流：它始于控制器，经过用例，最终在展示器中结束执行。另请注意源代码依赖关系：每个依赖都向内指向用例。

我们通常会使用依赖反转原则来解决这个明显的矛盾。例如，在像 Java 这样的语言中，我们会设计接口和继承关系，使得源代码的依赖关系与边界处的控制流相反。

例如，假设用例需要调用展示器。这个调用不能直接执行，因为这将违反依赖关系规则：内圈不能提及外圈中的任何名称。因此，我们让用例在内圈调用接口（如图 22.1 所示，为 "用例输出接口"），并让外圈的展示器实现它。

我们使用相同的技术来跨越架构中的所有边界。我们利用动态多态性来创建与控制流相反的源代码依赖关系，这样无论控制流向哪个方向传播，我们都可以遵守依赖规则。

### 哪些数据会跨越边界

通常，跨越边界的数据由简单的数据结构组成。你可以使用基本结构体或简单的数据传输对象（DTO）。也可以将数据简单地作为函数调用的参数传递。或者你可以将其打包到哈希映射表中，或将其构造为对象。重要的是，隔离的简单数据结构可以跨越边界传递。我们不想欺骗并传递实体对象或数据库行，请不要让数据结构具有任何违反依赖规则的依赖关系。

例如，许多数据库框架在响应查询时返回一个方便的数据格式。我们可以称之为"行结构"。但我们不想将此"行结构"跨越边界向内传递。这样做将违反依赖规则，因为它会强制内圈知道外圈的某些信息。

因此，当我们跨边界传递数据时，总是以对内圈最方便的形式进行。

## 典型场景

图 22.2 展示了使用数据库的基于 Web 的 Java 系统的典型场景。Web 服务器从用户那里获取输入数据并将其传递给左上方的控制器。控制器将该数据封装成纯 Java 对象（POJO），并将该对象通过输入边界传递给用例交互器。用例交互器解释该数据并使用它来控制实体的行为。它还使用数据访问接口从数据库中将这些实体使用的数据加载到内存中。完成后，用例交互器从实体中拿到数据，并构造输出数据作为另一个纯 Java 对象。然后，将输出数据通过输出边界接口传递给展示器。

展示器的工作是将输出数据重新打包成可视化格式，即视图模型，这又是另一个纯 Java 对象（POJO）。视图模型主要包含字符串和标志，视图利用它们来显示数据。而输出数据可能包含日期对象，展示器将使用适当格式为用户加载视图模型中的相应字符串。货币对象或任何其他业务相关数据也是如此。按钮和菜单项名称放在视图模型中，以告诉视图这些按钮和菜单项是否应该为灰色的标志。

这使得视图除了将数据从视图模型移动到 HTML 页面之外，几乎无事可做。

请注意依赖项的方向。所有依赖项都跨越指向内部的边界线，遵循依赖规则。

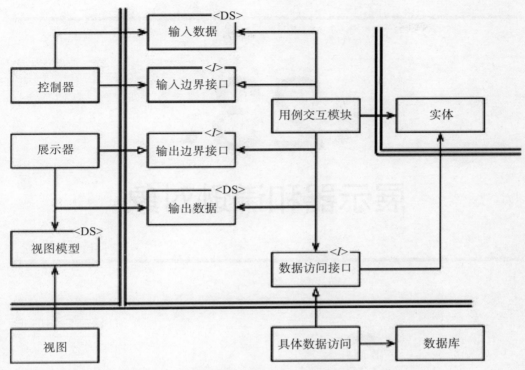

图 22.2 一个使用数据库的基于 Web 的 Java 系统的典型场景

## 本章小结

遵守这些简单的规则并不难，它将为你节省很多麻烦。通过将软件分层并符合依赖规则，你将创建一个本质上可测试的系统，拥有所有相关的好处。当系统的任何外部部分（例如数据库或 Web 框架）过时时，你可以毫不费力地替换这些过时的元素。

# 第 23 章

# 展示器和谦逊对象

在第 22 章，我们介绍了展示器的概念。展示器是谦逊对象模式的一种形式，它帮助我们识别和保护架构边界。实际上，上一章的整洁架构有不少谦逊对象的具体实现。

## 谦逊对象模式

谦逊对象模式是一种设计模式<sup>⊖</sup>，最初的设计目的是帮助单元测试人员将难以测试的行为与易于测试的行为分开。这个想法非常简单：将行为分成两组模块或类。其中一个模块是谦逊的，它包含所有难以测试的行为，而这些行为已经简化到不能再简化了。另一个模块包含所有可测试的行为，它们则是从谦逊对象中剥离出来的。

例如，GUI 很难进行单元测试，因为编写测试来查看屏幕并检查指定元素是否出现是非常困难的事情。但是，实际上，大多数 GUI 的行为很容易进行测试。使用谦虚对象模式，我们可以将这两种行为分为两个不同的类，分别称为展示器和视图。

## 展示器和视图

视图是难以测试的谦逊对象。该对象中的代码需尽可能保持简单。它将数据移动到 GUI 中，但不处理该数据。

展示器是可测试的对象。它的工作是接受应用程序的数据并将其格式化呈现，以便视图可以简单地将其移动到屏幕上。例如，如果应用程序想要在字段中显示日期，则会将一个日期对象交给展示器。然后展示器将把数据格式化为所需的字符串形式，并将其放置在一个称为视图模型的简单数据结构中。

如果应用程序想在屏幕上显示货币，它可能会将货币对象传递给展示器。展示器将使用所需的小数位数和货币标记格式化该对象，创建一个字符串，可以将其放置在展示器中。如果该货币值为负数，则应该变为红色，展示器中的一个简单布尔值将被恰当地设置。

---

⊖　*xUnit Patterns*, Meszaros, Addison-Wesley, 2007, p. 695。

屏幕上的每个按钮都有一个名称。该名称是在视图模型中的字符串,由展示器放置。如果这些按钮应该变灰,则展示器将在视图模型中设置适当的布尔标记。每个菜单项名称都是在视图模型中的字符串,由展示器加载。每个单选按钮、复选框和文本字段的名称都是由展示器加载到视图模型中的适当字符串和布尔值。应在屏幕上显示的数字表格由展示器加载到视图模型中格式正确的字符串表中。

屏幕上出现的任何东西,以及应用程序对其拥有一定控制权的任何事物,都会以字符串、布尔值或枚举的形式呈现在视图模型中。视图没有其他事情要做,只需将数据从视图模型加载到屏幕中。因此,视图是谦逊对象。

## 测试和架构

众所周知,可测试性是良好架构的一个属性。谦逊对象模式是一个很好的例子,因为将行为分离为可测试和不可测试的部分经常定义了一个架构边界。展示器 / 视图边界是其中之一,但还有许多其他边界。

## 数据库网关

在用例交互器和数据库之间是数据库网关⊖。这些网关是多态接口,包含应用程序对数据库执行的每个创建、读取、更新或删除操作的方法。例如,如果应用程序需要知道昨天登录的所有用户的姓氏,则 UserGateway 接口将有一个名为 getLastNamesOfUsersWhoLoggedInAfter 的方法,该方法以 Date 作为其参数并返回一个姓氏列表。

请注意,我们不允许在用例层中使用 SQL; 相反,这部分功能应该在网关接口中提供。而这些接口实现则由数据库层中的类来实现。该实现是谦逊的对象。它只是使用 SQL 或数据库接口来访问每个方法所需的数据。相比之下,交互器不是谦逊的,因为它们封装了特定于应用程序的业务规则。尽管它们不是谦逊的,但这些交互器是可测试的,因为网关可以用适当的存根和测试替身类替换。

---

⊖ *Patterns of Enterprise Application Architecture*, Martin Fowler, et. al., Addison-Wesley, 2003, p. 466。

## 数据映射

回到数据库这个话题，你认为像 Hibernate 这样的 ORM 工具属于哪个层次？

首先，让我们明确一件事：不存在对象关系映射器（ORM）。原因很简单：对象不是数据结构。至少，从用户的角度来看，它们不是数据结构。对象的用户无法看到数据，因为它们都是私有的。这些用户只能看到该对象的公共方法。因此，从用户的角度来看，一个对象只是一组操作的集合。

数据结构则是一组没有暗示行为的公共数据变量。ORM 最好命名为"数据映射器"，因为它们从关系数据库表中加载数据到数据结构中。

ORM 系统应该驻留在哪里？当然是在数据库层。实际上，ORM 形成了网关接口和数据库之间另一种谦逊对象边界。

## 服务监听器

关于服务呢？如果你的应用程序必须与其他服务进行通信，或者你的应用程序提供一组服务，我们是否会发现谦逊对象模式创建服务边界？

当然！该应用程序将数据加载到简单的数据结构中，然后将这些结构跨边界传递给适当格式化数据的模块，并将其发送到外部服务。从输入看，服务监听器将从服务接口接收数据并将其格式化为简单的数据结构，该数据结构可以被应用程序使用。然后将该数据结构通过服务边界传递。

## 本章小结

处于架构边界的地带，我们很可能会发现谦逊对象模式潜伏在附近的某个地方。这个边界上的通信几乎总是涉及某种简单的数据结构，并且这个边界经常将难以测试的东西与易于测试的东西分开。在架构边界处使用这种模式极大地增加了整个系统的可测试性。

# 第 24 章

# 不完全边界

构建完整的架构边界的成本是很高的。需要为系统设计双向多态的边界接口、输入和输出数据结构以及所有必要的依赖管理，以便将两个部分隔离为可独立编译和部署的组件。这涉及大量的工作和后期维护。

许多情况下，一个好的架构师可能会认为设置这样的边界的开支太高，但仍然希望为以后可能需要的边界留下位置。

这种预判性设计常常被敏捷社区中的许多人指责为违反 YAGNI（你不会需要它）原则。然而，架构师可能会看到问题并想到：“是啊，但是我可能会需要”。在这种情况下，他们可能会实现一个不完全边界。

## 跳到最后一步

构造不完全边界的一种方法是将系统分割成一系列可以独立编译和部署的组件，之后再把它们组合成一个组件。换言之，将相应的接口和输入 / 输出数据结构都设置好，并且一切都已准备妥当，但我们仍选择将这些组件编译和部署为单个组件。

显然，这种不完全边界需要与完全边界同样数量的代码和设计工作。但是，它不需要管理多个组件。没有版本号跟踪或发布管理负担。这一差异不容忽视。

这是 FitNesse 的早期策略。FitNesse 的网络服务器组件被设计为可与 FitNesse 的 wiki 和测试部分分离。这样，我们就可以使用该网络组件创建其他基于 Web 的应用程序。同时，我们不希望用户下载两个组件。请记住，我们的一个设计目标是“下载并运行”。我们的意图是用户下载一个 jar 文件并执行它，而不必寻找其他 jar 文件，解决版本兼容性等问题。

FitNesse 的经历也揭示了这种方式的其中一个危害。随着时间的推移，人们逐渐认识到不再需要单独的 Web 组件，Web 组件和 wiki 组件之间的分离开始变得脆弱。依赖关系开始朝着错误的方向交叉。现在，重新分离它们可能会是一项烦琐

的任务。⊖

## 单向边界

完全成熟的架构边界使用双向边界接口来保持双向隔离。维护这种双向的隔离性，通常不会是一次性的工作，需要我们持续投入资源。

图 24.1 显示了一个更简单的结构，用于暂时保留以后扩展为完全边界的位置。它展示了传统的策略模式。`ServiceBoundary`（服务边界）接口由客户端使用，并由 `ServiceImpl`（服务具体实现）类实现。

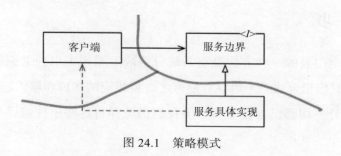

图 24.1　策略模式

上述设计显然为未来的架构边界打下了基础。为了将 `Client`（客户端）与 `ServiceImpl` 隔离开来，必须进行必要的依赖反转。同时，我们清楚看到分离可能会相当迅速地降级，如图示中的恶意虚线所示。由于没有双向接口，除了依赖开发人员和架构师的勤勉和自律，没有任何事物可以防止这种反向通道的出现。

## 外观

一个更简单的边界是外观模式，如图 24.2 所示。在这种情况下，不需要使用依赖反转。该边界仅由 `Facade`（外观）类定义，该类将所有服务列为方法，并将

---

⊖ 约在 20 年前，译者和伙伴团队经历了边界分割 API 的案例。背景是基于某支付公司的 API 来创建创新应用，比如心愿单、AA 收款、社区支付等。在设计上我们分隔了一个 base 系统来负责对支付公司的 API 进行封装，然后若干系统分别依赖此 base 系统。对的，我们获得了相应的好处，减少了调用支付系统更多细节的重复代码，以及方便 mock 测试。——译者注

服务调用部署到客户端不应访问的类中。

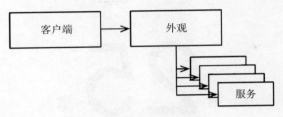

图 24.2　外观模式

请注意，客户端对所有这些服务类都具有传递性依赖。在静态语言中，对其中一个服务类源代码的更改将强制客户端重新编译。此外，你可以想象使用此结构创建反向通道是多么容易。

## 本章小结

我们已经看到了部分实现不完全边界的三种简单方法。当然，还有很多其他方法。这三种策略仅作为示例提供。

这些方法中的每一种都有其自己的成本和收益。在特定的情况下，每种方法都是适宜的，作为一个最终完全边界的替代方案。如果该边界从未实现，则每种方法都可能会受到损害。

作为一名架构师的职责之一，就是决定架构边界将来可能存在的位置，以及是否要完全或部分实现该边界。

第 **25** 章

# 分层和边界

人们很容易认为系统由三个组件组成——用户界面、业务规则和数据库。对于一些简单的系统，这已经足够了。然而，对于大多数系统来说，组件远不止这三个。

以一个简单的电脑游戏为例。很容易想到三个组成部分。用户界面接收用户输入的数据，并将数据传递给游戏的业务规则。业务规则将游戏状态存储在某种持久的数据结构中。但这就是全部内容吗？

## 狩猎游戏

假设游戏是 1972 年推出的一款狩猎游戏，我们来加入一些细节。这个以文本为基础的游戏使用非常简单的指令，比如向东走和向西射击。玩家输入指令，计算机会回复玩家看到、闻到、听到以及体验到的东西。玩家在一个洞穴系统中寻找獐鹿，必须避免陷阱、坑洞和其他危险。如果你感兴趣，可以在网上找到游戏规则。

假设保留基于文本的用户界面，但将其与游戏规则解耦，以便我们的版本可以在不同的市场使用不同的语言。游戏规则将使用与语言无关的 API 与 UI 组件通信，UI 将把 API 翻译成适当的人类语言。

如果我们管理好源码中的依赖关系（如图 25.1 所示），那么任意数量的用户界面组件可以重用相同的游戏规则。游戏规则不知道，也不关心使用的是哪种自然语言。

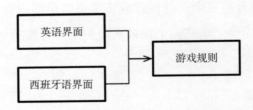

图 25.1 任意数量的 UI 组件都可以重复使用游戏规则

假设游戏状态保存在某个持久存储里——可能在闪存中，也可能在云端，或者只是在 RAM 中。在任何情况下，我们都不希望游戏规则知道这些细节。因此，我们将再次创建一个 API，用于游戏规则与数据存储组件进行通信。

我们不希望游戏规则了解各种数据存储方式，所以依赖关系必须正确地遵循依赖规则，如图 25.2 所示。

图 25.2　遵循依赖规则

## 整洁架构

应该明确的是，我们可以轻松地在这个背景下应用整洁架构方法[一]，包括所有的用例、边界、实体和相应的数据结构。但我们是否真的找到了所有重要的架构边界呢？

例如，语言不是 UI 变化的唯一轴线。我们也可能希望通过不同的机制来传达文本。例如，我们可能想使用一个普通的 shell 窗口，或者文本消息，或者聊天应用程序。有许多种不同的可能性。

这意味着这类变化轴应该有一个潜在的架构边界。也许我们应该建立一个跨越该边界并将语言与通信部分隔离的 API，如图 25.3 所示。

图 25.3 中的图表有些复杂，但包含应该考虑的全部内容。虚线的方框表示抽象的组件，这些组件定义了由它们上面或下面的组件实现的 API。例如，语言 API 由英语和西班牙语实现。

---

[一] 我们应该清楚地知道，像这样一个微不足道的游戏，我们不会采用整洁架构方法。毕竟，整个程序可能只需编写 200 行代码或更少。在这种情况下，我们使用一个简单的程序作为代理，代表一个拥有重要架构边界的更大系统。

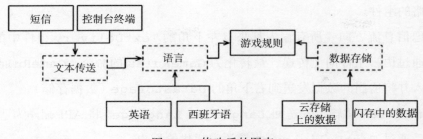

图 25.3　修改后的图表

我们可以看到，GameRules（游戏规则）与 Language（语言）这 2 个组件之间的交互由 GameRules 定义，并由 Language 实现的 API 来完成。同样，Language 与 TextDelivery（文本传送）之间的交互由 Language 定义并由 TextDelivery 实现的 API 来完成。API 的定义和维护由使用者负责而非实现方。

如果看一下 GameRules 内部，我们会发现多态边界接口被 GameRules 内部的代码使用，并由 Language 组件内的代码实现。我们还会发现，边界接口也被 Language 使用，由 GameRules 内的代码来实现。

如果再探究一下 Language 组件，我们会发现同样的事情：Language 的多态边界接口由 TextDelivery 实现，以及 TextDelivery 使用的多态接口由 Language 实现。

在这种情况下，由这些边界接口定义的 API 归上游组件所有。

多态接口定义在抽象 API 组件中，由实现它们的具体组件提供 English（英语）、SMS（短信）和 CloudData（云存储上的数据）等变体。例如，我们预期在语言中定义的多态接口应该由英语和西班牙语实现。

我们可以通过消除所有的变化并只关注 API 的组件简化这个图表。如图 25.4 所示。

请注意，在图 25.4 中，所有箭头都指向上方。这使得 GameRules 位于顶部。这个方向是有道理的，因为 GameRules 是包含最高

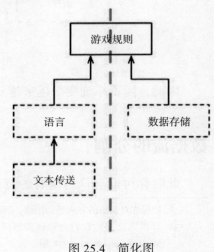

图 25.4　简化图

级别策略的组件。

考虑信息流方向。所有输入都来自左下角的 `TextDelivery` 组件中的用户。该信息通过语言组件向上传递，被转化为 `GameRules` 的命令。`GameRules` 处理用户输入并将适当的数据发送到右下角的 `DataStorage`（数据存储）。

`GameRules` 将输出发送回 `Language`，`Language` 将 API 翻译为适当的语言，然后通过 `TextDelivery` 将该语言提供给用户。

该组织有效地将数据流分为两个流⊖。左侧的流与用户通信有关，右侧的流与数据持久性有关。两个流在顶部⊜相遇，最终处理两个流数据的是 `GameRules`。

## 交汇数据流

在这个例子中，是否总是存在两个数据流？完全不是。假设我们想在网络上与多个玩家一起玩狩猎游戏。在这种情况下，我们需要一个网络组件，如图 25.5 所示。这种组织方式将数据流分成三个流，所有流都由 `GameRules` 控制。

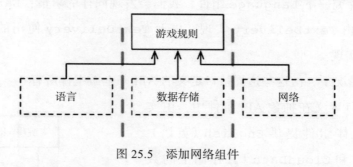

图 25.5　添加网络组件

因此，随着系统变得越来越复杂，组件结构可能会分解成许多这样的流。

## 数据流的分割

此时你可能会认为所有的流最终都会在单个组件的顶部汇合。但现实当然要

---

⊖　如果你对箭头的方向感到困惑，请记住它们指向源代码依赖的方向，而不是数据流的方向。

⊜　在很久之前，我们会称顶部组件为中央转换组件。参见《结构化系统设计实用指南》，第 2 版，Meilir Page-Jones，1988 年。

复杂得多。

　　考虑"狩猎游戏"的规则组件。游戏规则的一部分涉及地图机制。它们知道洞穴如何连接，以及每个洞穴中都有哪些物体。它们知道如何将玩家从一个洞穴移动到另一个洞穴，并确定玩家必须处理哪些事件。

　　但是还有一组更高级别的策略——这些策略知晓玩家的健康状况以及某个事件的成本或收益。这些策略可能会导致玩家逐渐失去健康，或者通过发现食物来增强健康。而低级别的机制策略将向上述更高级别的策略声明事件。然后，更高级别的策略将管理玩家的状态（如图 25.6 所示）。最终，该策略会决定玩家是获胜还是失败。

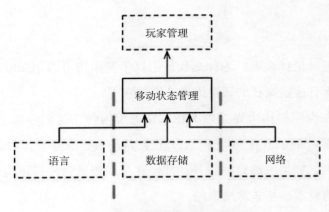

图 25.6　更高级别策略管理玩家

　　这是架构边界吗？我们需要一个 API 来分离 MoveManagement（移动状态管理）和 PlayerManagement（玩家管理）吗？让我们增加微服务，使之更有趣。

　　假设我们有一个巨大的多人版本的"狩猎游戏"。玩家的 MoveManagement 在本地处理，但 PlayerManagement 是由服务器处理的。PlayerManagement 为所有连接的 MoveManagement 组件提供了微服务 API。

　　图 25.7 以简化的方式描述了这种情况。网络元素比图示的要复杂一些，但你可能仍然可以理解。在这种情况下，MoveManagement 和 PlayerManagement 之间存在一个完整的架构边界。

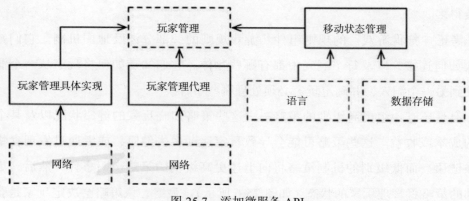

图 25.7  添加微服务 API

## 本章小结

本章究竟想讨论什么呢？为什么我要把这个简单得可以用 200 行 Kornshell 实现的程序，用所有这些疯狂的架构边界来推导它呢？

该例子旨在说明架构边界无处不在。作为架构师，我们必须小心地认识到何时需要这些边界。我们还必须意识到，完全实施这些边界是昂贵的。与此同时，我们必须认识到，如果忽略这些边界，即使在全面测试套件和重构规则的情况下，以后添加它们的成本也是非常昂贵的。

那么，我们架构师该怎么办呢？答案并不令人满意。一方面，多年来一些非常聪明的人告诉我们，我们不应该预见抽象的必要性。这是 YAGNI 的哲学："你不会需要它。"这个信息中包含着一些智慧，因为过度工程往往比工程不足更糟糕。另一方面，当你发现你真正需要一个架构边界而没有时，增加这样一个边界的成本和风险可能会非常高。

所以，你必须看到这一点。软件架构师，你必须看到未来。你必须智能猜测，权衡成本，确定架构边界，哪些应该完全实现，哪些应该部分实现，哪些应该被忽略。

但这不是一次性的决策。不能仅仅在项目开始时就决策要实施哪些边界，要

忽略哪<u>些</u>边界。相反，你要观察，随着系统的发展，你要注意哪些地方可能需要
边界，然后仔细观察第一次因为这些边界不存在而出现哪些问题。

在那个时候，你要权衡设定边界的成本和忽略它们的成本，而且你要频繁地
审查这个决策。你的目标是在设定边界成本变得比忽略它们的成本更低的拐点处
实施边界。

这需要持续保持警觉。

架构设计最大的困难就在于权衡取舍（tradeOff），这也是有意思的地方。译者
把作者提到的内容整理为以下几个要点：

1. 要识别架构边界。

2. 不只是在项目启动时识别，要持续关注。

3. 要考虑实施成本，频繁审查决策。你的目标是在设定边界成本变得比忽略
它们的成本更低的拐点处实施边界。

译者增加几个具体 tips：

1. 确定软件的一些度量指标，可以参见"适应度函数"。比如报表类系统，关
注新需求研发周期、用户打开报表的渲染时间。适应度函数像温度计一样测量软
件是否引入了技术负债，以及触及未识别的架构边界。

2. 不做过度设计，最好能领先业务 0.5～1 年，过犹不及。

3. 当架构边界受到组织制约时，考虑"做正确的事"，把时间拉长看，一些纠
结可能如恒河沙数，不值一提。

第 **26** 章

# Main 组件

在每个系统中，至少有一个组件负责创建、协调和监督其他组件。我将这个组件称为"Main 组件"。

## 终极细节

Main 组件是系统中最细节化的部分，也是最低级别的策略。它是系统的最初入口。除操作系统外，没有其他组件依赖它。它的任务是创建所有的工厂、策略和其他全局设施，然后将控制权交给系统的高层抽象部分。

在这个 Main 组件中，依赖项应由依赖注入框架注入。一旦它们被注入 Main 组件中，Main 组件应该正常分发这些依赖项，而不使用框架。

把 Main 想象成所有肮脏组件最肮脏的[⊖]。

下面，我们来看一下最新版本"狩猎游戏"的 Main 组件。请注意它是如何加载所有我们不希望主体代码知道的字符串。

```java
public class Main implements HtwMessageReceiver {
  private static HuntTheWumpus game;
  private static int hitPoints = 10;
  private static final List<String> caverns = new
  ArrayList<>();
  private static final String[] environments = new String[]{
    "bright",
    "humid",
    "dry",
    "creepy",
    "ugly",
    "foggy",
    "hot",
    "cold",
    "drafty",
    "dreadful"
  };
```

---

⊖　这里的肮脏指 Main 组件是串联整体配置或者流程的组件，这就往往使其比较复杂而且不够优雅。——译者注

```java
    private static final String[] shapes = new String[] {
      "round",
      "square",
      "oval",
      "irregular",
      "long",
      "craggy",
      "rough",
      "tall",
      "narrow"
    };

    private static final String[] cavernTypes = new String[] {
      "cavern",
      "room",
      "chamber",
      "catacomb",
      "crevasse",
      "cell",
      "tunnel",
      "passageway",
      "hall",
      "expanse"
    };

    private static final String[] adornments = new String[] {
     "smelling of sulfur",
      "with engravings on the walls",
      "with a bumpy floor",
      "",
      "littered with garbage",
      "spattered with guano",
      "with piles of Wumpus droppings",
      "with bones scattered around",
      "with a corpse on the floor",
      "that seems to vibrate",
      "that feels stuffy",
      "that fills you with dread"
    };
```

接下来是 Main 函数。请注意它如何使用 **HtwFactory** 创建游戏。它传递了类的名称 **htw.game.HuntTheWumpusFacade**，因为该类比 Main 更糟糕。这可以防止对该类的更改导致 Main 重新编译 / 重新部署。

```java
public static void main(String[] args) throws IOException {
    game = HtwFactory.makeGame("htw.game.HuntTheWumpusFacade",
                               new Main());
    createMap();
    BufferedReader br =
      new BufferedReader(new InputStreamReader(System.in));
    game.makeRestCommand().execute();
    while (true) {
      System.out.println(game.getPlayerCavern());
      System.out.println("Health: " + hitPoints + " arrows: " +
                           game.getQuiver());
      HuntTheWumpus.Command c = game.makeRestCommand();

      System.out.println(">");
      String command = br.readLine();
      if (command.equalsIgnoreCase("e"))
        c = game.makeMoveCommand(EAST);
      else if (command.equalsIgnoreCase("w"))
        c = game.makeMoveCommand(WEST);
      else if (command.equalsIgnoreCase("n"))
        c = game.makeMoveCommand(NORTH);
      else if (command.equalsIgnoreCase("s"))
        c = game.makeMoveCommand(SOUTH);
      else if (command.equalsIgnoreCase("r"))
        c = game.makeRestCommand();
      else if (command.equalsIgnoreCase("sw"))
        c = game.makeShootCommand(WEST);
      else if (command.equalsIgnoreCase("se"))
        c = game.makeShootCommand(EAST);
      else if (command.equalsIgnoreCase("sn"))
        c = game.makeShootCommand(NORTH);
      else if (command.equalsIgnoreCase("ss"))
        c = game.makeShootCommand(SOUTH);
      else if (command.equalsIgnoreCase("q"))
        return;
```

```
        c.execute();
    }
  }
```

请注意，Main 函数负责创建输入流并包含游戏的主循环，解释简单的输入命令，然后将所有处理委托给其他更高级别的组件。

最后，Main 组件还要负责生成整个游戏的地图。

```
private static void createMap() {
    int nCaverns = (int) (Math.random() * 30.0 + 10.0);
    while (nCaverns-- > 0)
      caverns.add(makeName());

    for (String cavern : caverns) {
      maybeConnectCavern(cavern, NORTH);
      maybeConnectCavern(cavern, SOUTH);
      maybeConnectCavern(cavern, EAST);
      maybeConnectCavern(cavern, WEST);
    }

    String playerCavern = anyCavern();
    game.setPlayerCavern(playerCavern);
    game.setWumpusCavern(anyOther(playerCavern));
    game.addBatCavern(anyOther(playerCavern));
    game.addBatCavern(anyOther(playerCavern));
    game.addBatCavern(anyOther(playerCavern));

    game.addPitCavern(anyOther(playerCavern));
    game.addPitCavern(anyOther(playerCavern));
    game.addPitCavern(anyOther(playerCavern));

    game.setQuiver(5);
  }

  // much code removed…
}
```

关键在于 Main 是整洁架构中最外层的模块，而且是一个肮脏的低级模块。它负责为高层系统加载所有内容，然后将控制权移交给它。

## 本章小结

将 Main 视为应用程序的一个插件，它设置初始条件和配置，收集所有外部资源，然后将控制权交给应用程序的高级策略。由于 Main 组件可以以插件形式存在于系统中，因此可以为一个系统设计多个 Main 组件，每个组件都对应着应用程序的一个配置。

例如，你可以为开发环境创建一个 Main 插件，为测试环境创建另一个 Main 插件，而为生产环境创建另一个 Main 插件。你还可以为每个部署的国家、辖区或客户创建一个 Main 插件。

当你将 Main 组件视为插件，用架构边界将它与系统其他部分分隔开时，配置问题将变得更容易解决。

# 第 **27** 章

# 服务：宏观与微观

近年来，面向服务的"架构"和微服务"架构"变得非常流行。它们目前受欢迎的原因包括以下几点：

- 服务似乎在很大程度上与彼此解耦。但正如我们将看到的那样，这并不完全正确。
- 服务似乎支持开发和部署的独立性。但正如我们将看到的那样，这并不完全正确。

## 面向服务的架构

首先，我们批判"只要使用了服务，就等于有了一套架构"这种思想。这显然是不正确的。系统的架构由将高级策略与低级详细信息分隔开来并遵循依赖规则的边界定义。仅仅分离应用程序行为的服务只不过是成本高昂的函数调用，并不一定是架构中重要的部分。

这并不意味着所有服务在架构上都应该具有重要意义。通常，创建跨进程和平台间分离功能的服务具有相当的优势，无论它们是否遵守依赖规则。只是说，仅仅服务本身并不能定义一个架构。

一个有帮助的比喻是函数的组织。单体式或组件化系统的架构由跨越架构边界并遵循依赖规则的某些函数调用定义。然而，这些系统中的许多其他功能仅仅是将一个行为与另一个行为分离，不具备架构重要性。

服务也是如此。毕竟，服务只是跨进程或平台边界的功能调用。其中一些服务具有架构意义，而另一些则没有。在本章中，我们只关注前者。

## 服务化所带来的好处

这一部分将挑战当前流行的服务架构传统观点。我们来逐个分析这些所谓的"好处"。

## 解耦合的谬论

将系统分解为服务的一个重要的假定优点是，服务之间具有松耦合性。毕竟，每个服务都在不同的进程甚至不同的处理器中运行；因此，这些服务无法访问彼此的变量。此外，每个服务的接口必须被明确定义。

这种说法有一定的真实性，但并不完全正确。是的，服务在单个变量级别上是解耦合的。然而，它们仍然可以通过处理器上的共享资源或网络上的共享资源进行耦合。而且，它们与共享的数据是强耦合的。

例如，如果在传输服务之间的数据记录中添加了一个新字段，则每个操作该新字段的服务都必须进行更改。服务还必须就该字段中数据的解释达成一致。因此，那些服务与数据记录紧密耦合，并因此间接耦合在一起。

就服务能很好定义接口这个优点而言——它确实能很好地定义接口——但函数也是如此。服务接口与函数接口一样形式化、严谨并且定义清晰。因此，这种好处实际上有些虚幻。

## 独立开发部署的谬论

服务的另一个假定好处是它们可以由专门的团队负责和运维。该团队可以负责编写、维护和运维服务，作为 DevOps 策略的一部分。这种独立的开发和部署被认为是可扩展的。这种观点认为大型企业系统可以由数十个、数百个甚至数千个可独立开发和部署的服务组成。系统的开发、维护和操作可以在同样数量的独立团队之间进行划分。

这种信念是有一定道理的，但只是部分道理。首先，历史已经证明，大型企业系统可以从单体和基于组件的系统以及基于服务的系统中构建。因此，服务并不是构建可扩展系统的唯一选择。

其次，前面阐述的解耦合谬论已经充分说明拆分服务并不意味着这些服务能够独立开发、部署和运营。如果它们通过数据或行为耦合，那么，开发、部署和运维也必须协调进行。

## 运送小猫的难题

以我们的出租车聚合系统为例来说明这两种谬论。请记住，该系统知道一个城市中存在许多出租车提供商，并允许客户预订出租车。同时，我们假设顾客根据一些标准来选择出租车，如上车时间、成本、车辆等级和司机经验。

我们希望我们的系统具有可扩展性，因此我们选择使用多个小型微服务来构建它。我们将开发人员分成许多小团队，每个团队负责开发、维护和运维相应数量的小型服务<sup></sup>⊖。

图 27.1 显示了我们虚构的架构师如何安排服务来实现这个应用程序。Taxi UI 服务处理使用移动设备订购出租车的客户。Taxi Finder 服务检查各种 Taxi Supplier 的库存，并确定哪些出租车是用户的可能候选对象。它会将这些数据存储在附加到该用户的短期数据记录中。Taxi Selector 服务根据用户的成本、时间、车辆等级等标准从候选对象中选择适当的出租车。它将该出租车移交给 Taxi Dispatcher 服务，后者会订购适当的出租车。

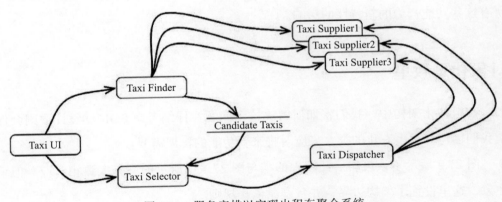

图 27.1　服务安排以实现出租车聚合系统

现在假设这个系统已经运行了一年以上。我们的开发人员在开发新功能的同时，一直维护和运营所有这些服务。

在一个阳光明媚的日子里，市场部门与开发团队举行了一次会议。在这次会

---

⊖　因此，微服务的数量约等于程序员的数量。

议上，他们宣布了向城市提供小猫送货服务的计划。用户可以订购小猫，将其送到他们的家或办公场所。

公司将在城市中建立几个小猫收集点。当订购小猫时，会选择附近的出租车从收集点之一收取小猫，然后将其送到相应的地址。

其中一家出租车供应商已同意参加此计划。其他人可能会跟随。还有一些可能会拒绝。

当然，有些司机可能会对猫过敏，所以这些司机不应该被选择为这项服务的司机。同样，一些客户毫无疑问也会有类似的过敏反应，因此，当他们叫车时，系统也必须避免指派过去三天内运送猫咪的车辆。

看看那个服务的图表。为了实现这个功能，这些服务中有多少需要更改？全部都需要。显然，猫咪功能的开发和部署必须非常仔细地协调。

换言之，这些服务是耦合的，不能独立开发、部署和维护。

这就是跨领域关注点变更的问题。每个软件系统都必须面对这个问题，无论是面向服务的还是不面向服务的。如图 27.1 中所示的功能分解非常容易受到跨越所有这些功能行为的新特性的影响。

## 对象化是救星

在组件化架构中，我们将如何解决这个问题？仔细考虑 SOLID 设计原则会促使我们创建一组多态化的类，来应对将来新功能的扩展需要。

图 27.2 展示了该策略。此图中的类与图 27.1 中所示的服务大致相对应。但请注意，这里设置了架构边界，并且遵循依赖规则。

原服务的大部分逻辑都在对象模型的基类中得以保留。然而，与乘车相关的逻辑已被提取到 Rides 组件中。新功能 "Kitty" 也被放置在 Kittens 组件中。这两个组件使用模板模式或策略模式覆盖了原组件中的抽象基类。

请注意，两个新组件 "Rides" 和 "Kittens" 遵循依赖规则。同时注意，实现这些特性的类是由 UI 控制的工厂创建的。

很明显，在这个方案中，当 Kitty 功能被实现时，TaxiUI 必须改变。但是，不需要改变其他任何东西。相反，一个新的 jar 文件、Gem 或 DLL 被添加到系统中，并在运行时动态加载。

因此，Kitty 功能已解耦，可以独立开发和部署。

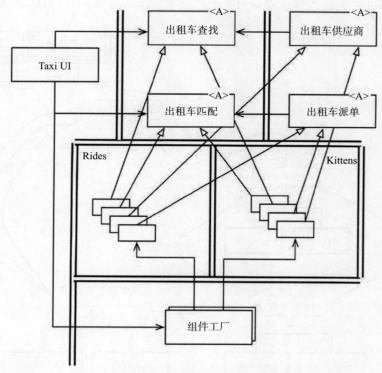

图 27.2　使用面向对象的方法处理跨领域问题

# 基于组件的服务

显而易见的问题是：我们能够用服务化做到这一点吗？当然，是的！服务不一定是小型的单体程序。相反，可以使用 SOLID 原则设计服务，并给它们一个组件架构，以便可以添加新的组件而不必更改服务内现有的组件。

将 Java 服务想象为一个或多个 jar 文件中的抽象类集合。将每个新功能或功能扩展想象为另一个 jar 文件，其中包含扩展第一个 jar 文件中抽象类的类。部署新功能不再是重新部署服务的问题，而是将新的 jar 文件简单地添加到那些服务的加载路径中。换句话说，添加新功能符合开闭原则。

图 27.3 展示了该结构。服务和之前一样存在，但每个服务都有自己的内部组件设计，允许添加新功能作为新衍生类。这些衍生类存在于它们自己的组件中。

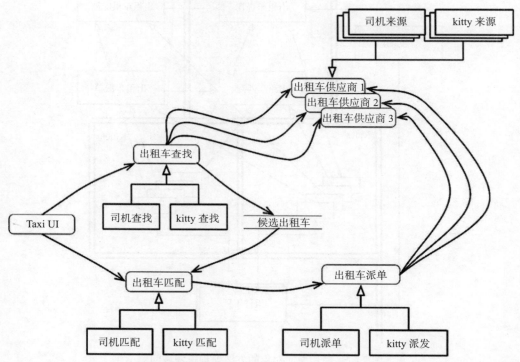

图 27.3　每项服务都有其独特的内部组件设计，可以通过新的衍生类添加新的功能

## 跨领域问题

我们所了解的是，架构边界并不仅存在于服务之间，而是贯穿于服务，并在服务内以组件的形式存在。

为了处理所有重要系统所面临的跨领域问题，服务必须设计为遵循依赖原则的内部组件架构，如图 27.4 所示。这些服务不定义系统的架构边界，而是服务内的组件定义边界。

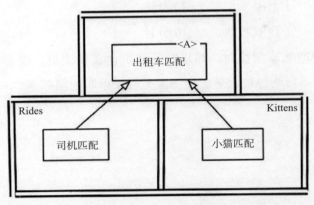

图 27.4　服务必须设计为遵循依赖原则的内部组件架构

## 本章小结

虽然服务对于系统的可扩展性和可研发性非常有用，但它们本身并不能代表整个系统的架构设计。系统的架构由该系统内部划定的边界和跨越这些边界的依赖关系所定义，与系统中各组件之间的调用和通信方式无关。

一个服务可能是一个单独的组件，完全被一个架构边界包围。或者，一个服务可能由几个被架构边界分隔的组件组成。在极少数情况下<sup>⊖</sup>，客户端和服务端可能耦合得过于紧密，以至于它们在架构上没有任何意义。

Bob 大叔的案例非常精彩，确实，划分了服务，并不意味着变更就来自服务内部。猫咪的案例对于跨领域（跨服务）变更非常具有参考意义。但这里仍然要强调服务划分的意义，服务划分建议采取 DDD（领域驱动设计）的方法进行。

比如，对于出行业务而言，某公司在平台发展多个业务的基础上，对产品进行了配置化改造，包括产品线、车型、场景。然后细化到运营视角的运营规则，运营规则可以实现运营维度和运营参数的配置化。比如：

⊖　我们希望它们是罕见的。不幸的是，经验表明情况并非如此。

| 产品分类 | 城市 | 取消豁免 |
|---|---|---|
| 专车接送机 | 北京 | 30 分钟 |
| 专车接送机 | 上海 | 30 分钟 |
| 企业 * | 西双版纳 | 10 分钟 |

当运营维护增加或调整时，通过配置化页面实现变更，也容易将变更收敛到产品服务中，而不影响预约服务、地图服务、派单匹配服务等。——译者注。

第 **28** 章

测试边界

是的，没错：测试代码也是系统的一部分，也遵循架构边界。甚至，测试代码有时候在系统架构中的地位更独特一些。

## 测试也是一种系统组件

有很多关于测试的混淆。它们是系统的一部分吗？它们与系统分开吗？有哪些测试类型？单元测试和集成测试是否不同？那验收测试、功能测试、Cucumber测试、TDD测试、BDD测试、组件测试等呢？

从架构的角度看，所有测试都是相同的。无论是TDD创建的小小测试，还是大型的FitNesse、Cucumber、SpecFlow或者JBehave测试，它们在架构上是等价的。

测试本质上遵循依赖规则，它们非常详细和具体，并且总是向内依赖于被测试的代码。实际上，你可以将测试视为架构中最外层的圆圈。系统中没有任何东西依赖于测试，测试始终向内依赖于系统的组件。

测试也是可以独立部署的。事实上，大部分情况下，它们都会在测试系统中部署，而非生产系统中。因此，即使在不需要独立部署的系统中，测试也仍然会被独立部署。

测试是最孤立的系统组件。它们不是系统操作所必要的。没有用户依赖它们。它们的作用是支持开发，而不是运行过程。然而，它们不比其他任何系统组件少。实际上，在许多方面，它们代表了其他所有系统组件应该遵循的模型。

## 可测试性设计

测试的极端独立性，再加上它们通常不被部署的事实，经常导致开发者认为测试不属于系统设计范畴。这是一种灾难性的观点。没有很好地融入系统设计的测试往往容易变得脆弱，使系统变得僵化和难以更改。

当然，这里的关键之处就是耦合。与系统强耦合的测试必须随着系统的变化而改变。即使对系统组件进行最微不足道的更改也可能导致多个耦合的测试失败或需要进行更改。

这种情况可能会变得很严峻。对公共系统组件的更改可能会导致数百甚至数千个测试失效。这就是所谓的"脆弱测试问题"。

不难看出这是如何发生的。比如，想象一下，一套测试需要使用 GUI 验证业务规则。这些测试可能会从登录屏幕开始，然后浏览页面结构，直到检查特定的业务规则。任何对登录页面或导航结构的更改都可能导致大量测试失败。

脆弱的测试常常会让系统变得非常僵化。当开发人员意识到对系统进行简单的变更就可能导致大规模的测试失败时，他们可能会抵制进行这些改变。例如，想象一下开发团队和营销团队之间的对话，营销团队请求对页面导航结构进行简单的更改，但这将导致 1000 个测试失败。

解决方案是为可测试性而设计。软件设计的第一条规则——无论是为了可测试性还是为了任何其他原因——总是相同的：不要依赖不稳定的东西。图形用户界面 (GUI) 是易变的。通过 GUI 操作系统的测试套件必然是脆弱的。因此，设计系统和测试，使业务规则可以在不使用 GUI 的情况下进行测试。

## 测试专用 API

完成这一目标的方法是创建一个特定的 API，测试可以使用它来验证所有业务规则。这个 API 应该拥有超能力，允许测试避开安全约束，绕过昂贵的资源（比如数据库），并强制系统进入特定的可测试状态。该 API 将是用户界面使用的交互器和接口适配器套件的超集。

测试 API 的目的是将测试与应用程序解耦。这种解耦不仅仅是将测试从 UI 上分离出来，它的目标是将测试的结构与应用程序的结构分离开来。

### 结构耦合

结构耦合是最强大、最隐蔽的测试耦合形式之一。想象一个测试套件，对每个生产类都有一个测试类，针对每个生产方法都有一组测试方法。这样的测试套件与应用程序的结构紧密耦合。

当生产方法或类之一发生变化时，大量测试也必须改变。因此，测试很脆弱，会使生产代码变得严格。

测试 API 的作用是将应用结构从测试中隐藏起来。这使得生产代码可以以不影响测试的方式进行重构和演化。它还允许测试以不影响生产代码的方式进行重构和演化。

演化的分离是必要的，因为随着时间的推移，测试趋向变得越来越具体化。相反，生产代码往往变得越来越抽象和通用。强大的结构耦合阻止或至少阻碍了这种必要的演化，并阻止了生产代码尽可能通用和灵活的发展。

### 安全性

如果这一点让人担忧，那么应该将测试 API 及其危险的实现部分保留在单独的、可独立部署的组件中，以免在生产系统中部署这些工具时发生危险。

## 本章小结

测试不是系统之外的，而是系统的一部分，如果要提供所期望的稳定性和回归测试的优点，就必须设计好测试。没有作为系统的一部分设计的测试往往是脆弱的，并且很难维护。这样的测试通常会被丢弃，因为它们很难维护。

# 第 29 章

# 整洁嵌入式架构

By James Grenning

不久前，我在 Doug Schmidt 的博客上读到了一篇名为《维持国防部门软件的日益重要性》的文章。Doug 提出了以下主张：

尽管软件不会磨损，但固件和硬件会过时，随即也需要对软件进行相应改动。

这句话于我如醍醐灌顶。Doug 提到了两个术语，我原本认为这很明显——但也许不是。软件（sofaware）可以有很长的使用寿命，但固件（firmware）会随着硬件进化而过时。如果你在嵌入式系统开发上花费过任何时间，你就知道硬件是不断进步和改进的。同时，新的"软件"添加功能，其复杂性不断增长。

我想在 Doug 的声明中补充一句：

虽然软件不会磨损，但未妥善管理的硬件依赖和固件依赖却是软件的头号杀手。

换言之，嵌入式软件由于依赖硬件常常不能延长使用寿命。

我喜欢 Doug 的嵌入式固件定义，但让我们看看还有哪些定义可供选择。我找到了这些备选方案：

❑ 固件存储在非易失性存储器中，例如只读存储器（ROM）、可擦可编程只读存储器（EPROM）或闪存存储器。

❑ 固件是预装在硬件设备上的软件程序或一组指令。

❑ 固件是嵌入硬件中的软件。

❑ 固件是已写入只读存储器（ROM）的软件（程序或数据）。

Doug 的陈述让我意识到，这些被接受的固件定义是错误的，或者至少是过时的。固件并不意味着代码存储在只读存储器中。它之所以是固件，并不是因为它存储在哪里；而是因为它依赖于什么以及在硬件演变时如何难以更改。硬件确实会演变（暂停并观察你的手机作为证据），因此我们应该根据现实来设计我们的嵌入式代码。

我对固件或固件工程师没有任何意见（我自己也会写一些固件）。但是我们真正需要的是更少的固件和更多的软件。事实上，我对固件工程师编写如此多的固件感到失望！

非嵌入式工程师也会编写固件！实际上在代码中嵌入 SQL，或者在代码中引入对某个平台的依赖时，就已经编写了固件。当 Android 应用开发人员没有将业务规则与 Android API 分隔时，实际上也是在编写固件代码。

我参与了许多软件项目，其中产品代码（软件）和与产品硬件交互的代码（固件）之间的边界几乎模糊到不存在。例如，在 1990 年代末，我有幸重新设计了一个通信子系统，该子系统从时分多路复用（TDM）转变为语音 IP（VOIP）。VOIP 是现在的工作方式，但 TDM 被认为是 20 世纪 50 年代和 60 年代的最先进技术，并在 20 世纪 80 年代和 90 年代得到了广泛部署。

每当我们向系统工程师提出一个产品问题——系统在某种情况下应该如何处理呼叫时，他就会消失，然后给出一个非常具体的答案。"他从哪里得到那个答案？"我们问道。"他从当前产品的代码中得到的。"他回答道。错综复杂的旧代码成了新产品的规范！现有的实现没有将 TDM 和发起呼叫的业务规则分开。整个产品从上到下都依赖于硬件 / 技术，无法解开。整个产品事实上已经成为固件。

再来看另一个例子：我们都知道命令消息是通过串行端口传递给系统的，这自然需要有一个消息的处理器 / 分发器系统。消息处理器知道消息的格式，能够解析它们，然后将消息分发到能够处理请求的代码中。所有这些都不奇怪，唯一不同的是消息处理器 / 分发器的代码和与 UART⊖ 硬件交互的代码放在了同一文件中。消息处理器被 UART 细节污染了。消息处理器本可以是一种具有潜在长期使用寿命的软件，但现在却成了固件。消息处理器被剥夺了成为软件的机会，这是不正确的！

我很久以前就已经了解并理解了将软件与硬件分离的必要性，但是借助 Doug 对软件和固件的定义，我现在可以把这件事说得更清楚明白一些了。

对于工程师和程序员来说，我的意思很明确：停止编写固件代码，并让你的代码生命周期长一点。当然，要求并不总能成为现实。让我们看看如何保持嵌入式软件架构的整洁，使软件能拥有更长的有效生命周期。

---

⊖ 串口控制的硬件设备。

## 程序适用测试

为什么那么多的潜在嵌入式软件变成了固件？似乎大部分的重点是让嵌入式代码工作，而不是强调构造它们以便具有长期的生命力。Kent Beck 描述了在构建软件时的三个活动：

1. "先让它发挥作用"——如果不能发挥作用，你的业务就将面临停业。

2. "然后再试图将它变好"——重构代码，让我们自己和其他人更好地理解代码，并能按照需求不断地修改代码。

3. "最后再试着让它运行得更快"——请对代码进行重构，以提升性能。

实际应用中许多嵌入式系统软件似乎都是以"让它能运行"为目标编写的——也许还有一个通过任何机会添加微小优化来实现"让它快速运行"的执念。在《人月神话》一书中，Fred Brooks 建议我们随时准备"抛弃一个设计"。Kent 和 Fred 提供了基本相同的建议：在实践中学习正确的方法，然后提出更好的解决方案。

嵌入式软件在处理这些问题时并不特殊。大多数非嵌入式应用程序仅仅是为了工作而构建，对于使代码具有长期有用的生命周期并没有考虑。

让应用程序正常工作就是我所说的程序适用测试。作为一名程序员，无论是嵌入式还是非嵌入式，如果只关注让应用程序正常工作，那就是对自己的产品和雇主的不负责任。编程绝不止是让程序可以工作这么简单。

下面我们来看一个通过"程序适用测试"的例子，先看一个小型嵌入式系统中某个源文件的一段函数声明：

```
ISR(TIMER1_vect) { ... }
ISR(INT2_vect) { ... }
void btn_Handler(void) { ... }
float calc_RPM(void) { ... }
static char Read_RawData(void) { ... }
void Do_Average(void) { ... }
void Get_Next_Measurement(void) { ... }
void Zero_Sensor_1(void) { ... }
void Zero_Sensor_2(void) { ... }
void Dev_Control(char Activation) { ... }
```

```
char Load_FLASH_Setup(void) { ... }
void Save_FLASH_Setup(void) { ... }
void Store_DataSet(void) { ... }
float bytes2float(char bytes[4]) { ... }
void Recall_DataSet(void) { ... }
void Sensor_init(void) { ... }
void uC_Sleep(void) { ... }
```

可以看到该源文件中的函数是按照一定顺序排列的。现在我们要按照功能进行分组：

❑ 用于定义域逻辑的函数

```
float calc_RPM(void) { ... }
void Do_Average(void) { ... }
void Get_Next_Measurement(void) { ... }
void Zero_Sensor_1(void) { ... }
void Zero_Sensor_2(void) { ... }
```

❑ 用于设置硬件平台功能的函数

```
ISR(TIMER1_vect) { ... }*
ISR(INT2_vect) { ... }
void uC_Sleep(void) { ... }
```

❑ 响应开关按钮的函数

```
void btn_Handler(void) { ... }
void Dev_Control(char Activation) { ... }
```

❑ 一个能够从硬件获取 A/D 输入读数的函数

```
static char Read_RawData(void) { ... }
```

❑ 将值存储到持久存储器的功能

```
char Load_FLASH_Setup(void) { ... }
void Save_FLASH_Setup(void) { ... }
void Store_DataSet(void) { ... }
float bytes2float(char bytes[4]) { ... }
void Recall_DataSet(void) { ... }
```

❏ 名称与其功能不符的函数

```
void Sensor_init(void) { ... }
```

查看应用程序中的其他文件，我发现了许多阻碍代码理解的障碍。我还发现了一种文件结构决定了该应用程序的代码只能在指定的硬件平台上才能被测试。几乎每一行代码都知道它处于一种特殊的微处理器架构中，使用了"扩展"C 结构<sup></sup>将该代码与特定的工具链和微处理器相结合。除非该产品永远不会应用到不同的硬件环境中，否则这段代码无法拥有长期的实用价值。

这个应用程序可以正常工作：工程师通过了应用能力测试。但是不能说这个应用程序具有一套整洁嵌入式架构。

## 目标硬件瓶颈

嵌入式开发人员需要处理许多非嵌入式开发者无法处理的特殊问题，例如：有限的存储空间、实时约束和期限、有限的输入 / 输出、非常规的用户界面以及传感器与物理世界的连接等。大多数情况下，硬件与软件和固件同时开发。作为一个开发此类系统代码的工程师，你可能没有运行代码的地方。如果这还不够糟糕，一旦你获得了硬件，很可能硬件本身就存在缺陷，使得软件开发进程比平时更加缓慢。

是的，嵌入式是特殊的。嵌入式工程师也是特殊的。但是嵌入式开发并不是那么特殊，本书中的原则同样适用于嵌入式系统。

嵌入式系统中的一个特殊问题是目标硬件瓶颈。当嵌入式代码没有应用清晰的架构原则和实践时，你往往会面临这样一种场景：只能在目标上测试代码。如果只有目标硬件可以进行测试，那么目标硬件瓶颈将会拖慢你的进度。

### 整洁嵌入式架构是一种可测试的嵌入式架构

让我们来看看如何应用一些架构原则到嵌入式软件和固件中，以帮助你消除

---

○ 一些硅片提供商会在 C 语言中添加关键字，以使可以利用 C 语言简单地访问寄存器和 IO 端口。不幸的是，一旦这样做了，代码就不再是 C 语言了。

目标硬件瓶颈。

### 分层

分层有多种形式。图 29.1 展示了三层架构。底层是硬件。正如 Doug 所警告的那样，由于技术进步和摩尔定律，硬件将会发生改变。零件会过时，新的零件会使用更少的功率或提供更好的性能或更便宜。无论何种原因，作为一名嵌入式工程师，我不希望在不可避免的硬件更改发生时，有比必要时更多的工作。

硬件和系统其余部分之间的分离是确定的，至少在硬件设计完成之后如此（见图 29.2）。我们进行程序适用测试时，这里通常会出现问题。因为没有任何东西能阻止硬件知识污染应用代码。如果不注意放置东西的位置以及模块的依赖关系，那么代码将非常难以变更。不仅指硬件改变时，还包括当用户功能变更或需要修复漏洞时。

图 29.1　三层架构

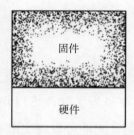

图 29.2　硬件必须与系统其余部分分离

软件和固件混用是一种反模式。符合这种反模式的代码修改起来就会很困难。同时，变更会很危险，常常会导致意外后果。哪怕微小的变化，也需要对整个系统进行全面回归测试。如果你没有创建外部设备测试，那么你将面临手工测试产生的厌倦，还有新的漏洞报告。

### 硬件是实现细节

软件和固件之间的边界通常不像代码和硬件之间的边界那样清晰，如图 29.3 所示。

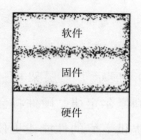

图 29.3 软件和固件之间的边界比代码和硬件之间的边界更加模糊

作为嵌入式软件开发人员之一，你的工作之一是巩固这条边界线。软件和固件之间的边界称为硬件抽象层（HAL）（见图 29.4）。这不是一个新想法：在 Windows 之前的 PC 时代，它就已经存在。

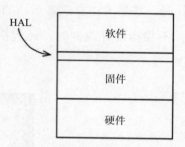

图 29.4 硬件抽象层

HAL 存在是为了软件可以在其上运行，其 API 应基于该软件的需求进行定制。作为示例，固件可以将字节和字节数组存储到闪存中。相反，应用程序需要将名称/值对存储到某些持久性机制中并读取它们。软件不应担心名称/值对是否存储在闪存中、旋转磁盘、云或核心存储器中。HAL 提供服务，它不会向软件透露其工作原理。闪存实现是一个应该对软件隐藏的细节。

另一个例子是将 LED（发光二极管，一种常用的发光器件）连接到 GPIO 位（General-purpose input/output，通用型输入输出）。固件可以提供对 GPIO 位的访问，其中 HAL 可能会提供 Led_TurnOn(5)。这是一种相当低级别的硬件抽象层。我们考虑从硬件角度提高抽象层级到软件/产品角度。LED 表示什么？假设它指示低电量。在某个层面上，固件（或板支持包）可以提供 Led_TurnOn(5)，而 HAL 提供 Indicate_LowBattery()。由此可见，HAL 层是按照应用程序的需要来提供服务的。同时，我们也能看到系统的每一个分层中都包含许多分层。相对于之前的固定分层法，这里更像是一种无限分层模式。总之，GPIO 位的对应关系应该是一个具体的实现细节，它应该与软件部分分隔开。

### 不要向 HAL 的用户暴露硬件细节

整洁嵌入式架构软件可以在目标硬件之外进行测试。一个成功的 HAL 可以提供一个接缝或一组替代点，以促进脱离硬件平台的测试。

### 处理器是实现细节

当你的嵌入式应用程序使用专用的工具链时，它通常会提供帮助性质的头文件。这些编译器经常自带一些基于 C 语言的扩展库，并添加新的关键字用于支持特殊功能。这些代码看起来像 C 语言，但实际上不再是 C 语言。

有时候供应商提供的 C 编译器会提供类似全局变量的东西，以便直接访问处理器寄存器、IO 端口、时钟计时器、IO 位、中断控制器和其他处理器函数。这些函数会极大方便我们对相关硬件的访问，但请意识到使用这些有帮助的设施的任何代码都不再是 C。它将无法用另一个编译器来编译，甚至可能无法在同一处理器的不同编译器中编译。

我不想说这是供应商故意给我们设置的陷阱，即使他们的初心是为了"帮助"我们。我们自己也要明白如何利用这些"帮助"，这才是问题的关键。为了避免代码在未来出现问题，我们必须限制这些 C 扩展程序的适用范围。

让我们来看看 ACME DSP（数字信号处理器）系统设计的头文件——Wile E. Coyote 采用的就是这个系统。

```
#ifndef _ACME_STD_TYPES
#define _ACME_STD_TYPES
#if defined(_ACME_X42)
    typedef unsigned int        Uint_32;
    typedef unsigned short      Uint_16;
    typedef unsigned char       Uint_8;

    typedef int                 Int_32;
    typedef short               Int_16;
```

```
    typedef char                Int_8;

#elif defined(_ACME_A42)
    typedef unsigned long       Uint_32;
    typedef unsigned int        Uint_16;
    typedef unsigned char       Uint_8;

    typedef long                Int_32;
    typedef int                 Int_16;
    typedef char                Int_8;
#else
    #error <acmetypes.h> is not supported for this environment
#endif

#endif
```

acmetypes.h 头文件通常不直接使用。如果你这样做，你的代码将与 ACME DSP 绑定在一起。如果你正在使用 ACME DSP，你会说，有什么损害呢？除非你包括此头文件，否则无法编译你的代码。如果使用头文件并定义 _ACME_X42 或 _ACME_A42，则尝试在平台之外测试代码时，整数类型的大小是错误的。如果这还不够糟糕，有一天你想要将应用程序移植到另一个处理器，如果没有在这里限制 ACME. 头文件被引用的范围，将会大大增加这项迁移工作的难度。

你应该尝试遵循更标准化的路径，使用 stdint.h，而不是使用 acmetypes.h。但是，如果目标编译器没有提供 stdint.h 该怎么办呢？你可以编写这个头文件。

```
#ifndef _STDINT_H_
#define _STDINT_H_

#include <acmetypes.h>

typedef Uint_32 uint32_t;
typedef Uint_16 uint16_t;
typedef Uint_8  uint8_t;

typedef Int_32  int32_t;
typedef Int_16  int16_t;
```

```
typedef Int_8    int8_t;

#endif
```

使用 stdint.h 让你的嵌入式软件和固件保持整洁和可移植。当然，所有的软件都应该是与处理器无关的，但并不是所有的固件都可以。下面的代码片段利用 C 语言的特殊扩展，使你的代码可以访问微控制器中的外设。很可能你的产品使用了这个微控制器，以便你可以使用它的集成外设。这个函数会将一行字符"hi"输出到串行输出端口。（这个例子是基于实际代码而来的。）

```
void say_hi()
{
  IE = 0b11000000;
  SBUF0 = (0x68);
  while(TI_0 == 0);
  TI_0 = 0;
  SBUF0 = (0x69);
  while(TI_0 == 0);
  TI_0 = 0;
  SBUF0 = (0x0a);
  while(TI_0 == 0);
  TI_0 = 0;
  SBUF0 = (0x0d);
  while(TI_0 == 0);
  TI_0 = 0;
  IE = 0b11010000;
}
```

这个小函数有很多问题。你可能会注意到的一件事是存在 0b11000000。这种二进制表示很酷，C 语言能支持吗？不幸的是，不能。还有一些问题也与 C 语言的扩展相关。

IE: 设置中断比特位。

SBUF0: 串行输出缓冲区。

TI_0: 串行传输缓冲区为空中断。读取 1 表示缓冲区为空。

这些名字大写的变量实际上访问了微控制器内置的外设。如果你想要控制中断和输出字符，必须使用这些外设。是的，这很方便，但它不是 C 语言。

一个干净的嵌入式架构将在很少的地方直接使用这些设备访问寄存器，并将它们完全限制在固件中。任何了解这些寄存器的东西都会变成固件，与硬件绑定。一旦这些代码与处理器实现强绑定，那么在处理器稳定工作之前它们是无法工作的，并且在需要将其迁移到一个新处理器上时也会遇到麻烦。

如果你使用这样的微处理器，你的固件可以通过某种处理器抽象层（PAL）来隔离这些低级功能。在 PAL 以上的固件可以在目标之外进行测试。

### 操作系统是实现细节

一个 HAL 是必要的，但它是否足够呢？在裸机嵌入式系统中，一个 HAL 可能足以让你的代码不过度依赖运行环境。但是对于使用实时操作系统（RTOS）或某个嵌入式版本的 Linux 或 Windows 的嵌入式系统呢？

要使你的嵌入式代码有较长的寿命，你必须将操作系统视为细节，并保护其免受操作系统依赖的影响。

软件通过操作系统访问运行环境的服务。操作系统是将软件与固件分离的层（见图 29.5）。直接使用操作系统可能会产生问题。例如，如果你的实时操作系统供应商被另一家公司收购并且版税上涨，或者质量下降怎么办？如果你的需求发生变化，你的实时操作系统没有现在需要的功能怎么办？你将不得不改变大量的代码。这些更改不仅仅是由于新操作系统的 API 而带来的简单语法更改，而且还需要根据新操作系统的不同能力和原语言进行语义适应。

一种整洁嵌入式架构通过操作系统抽象层（OSAL）将软件与操作系统分离开来（见图 29.6）。在某些情况下，实施此层可能只需更改函数的名称。在其他情况下，它可能涉及将几个函数封装在一起。

如果你曾经将你的软件从一个 RTOS 移植到另一个，你就会知道这很痛苦。如果你的软件依赖于 OSAL 而不是直接依赖于操作系统，那么你将编写一个与旧 OSAL 兼容的新 OSAL。你宁愿做什么：修改一堆复杂的现有代码，还是编写符合定义接口和行为的新代码？显而易见，我选择后者。

图 29.5　添加操作系统

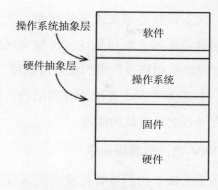

图 29.6　操作系统抽象层

你可能现在开始担心代码膨胀问题了。但实际上，这一层已经将使用操作系统所带来的复杂性隔离开了。这些重复代码不会带来很大的开销。如果你定义了一个操作系统抽象层（OSAL），你还可以鼓励应用程序有一个共同的结构。你可以提供消息传递机制，而不是让每个线程都自己定义一个并发模型。

OSAL 可以帮助在目标操作系统和操作系统之外测试软件层中的应用程序代码。整洁嵌入式架构软件可以在目标操作系统之外进行测试。

### 面向接口编程与可替代性

除了在每个主要层次（软件、操作系统、固件和硬件）内添加 HAL 和可能的 OSAL 之外，你还可以——而且应该——应用本书中描述的原则。这些原则鼓励关注分离、接口编程和可替代性。

分层架构的思想是建立在接口编程的基础之上的。当一个模块通过接口与另一个模块交互时，你可以替换一个服务提供者为另一个。许多读者将编写自己的小版本 printf 函数以部署在目标中。只要你的 printf 接口与标准版本的 printf 相同，它们就可以相互替换。

目前的普适规则之一就是用头文件作为接口定义。然而，在使用头文件时，你必须小心头文件中的内容。将头文件内容限制为函数声明以及函数所需的常量和结构名称。

不要在界面头文件中添加只有具体实现代码才需要的数据结构、常量和类型定义，这不仅仅是杂乱无序的问题：这些杂项将导致不必要的依赖关系。我们必须控制好实现细节的可见性。预期实现细节会发生变化。代码了解细节的地方越少，需要跟踪和修改代码的地方也就越少。

一个整洁嵌入式架构是可测试的，因为模块通过接口进行交互。每一个接口都具有平台之外测试的能力。

### DRY 条件性编译命令

一个常被忽视的可替代性的用途与嵌入式 C 和 C++ 程序如何处理不同的目标和操作系统有关。一般倾向于使用条件编译来打开和关闭代码段。一个特别棘手的情况，在一个电信应用程序中，`#ifdef BOARD_V2` 语句出现了几千次。

这个代码重复违反了 DRY（不要重复自己）原则<sup>⊖</sup>。如果我看到 `#ifdef BOARD_V2` 一次，那并不是问题。而几千次就是一个极端的问题了。识别目标硬件类型的条件编译经常在嵌入式系统中重复出现。有什么好的解决方案吗？

如果存在硬件抽象层，硬件类型将成为隐藏在 HAL 下的细节。如果 HAL 提供一组接口，那么我们可以使用链接器或某种形式的运行时绑定来将软件连接到硬件，而无须使用条件编译。

## 本章小结

开发嵌入式软件的人可以从嵌入式软件以外的经验中学到很多东西。如果你是一位嵌入式开发者，并且已经阅读了本书，你将从这些文字和思想中获得丰富的软件开发智慧。

让所有代码变成固件对产品的长期使用不利。仅能在目标硬件上进行测试对产品的长期使用也不利。整洁嵌入式架构有利于产品的长期使用。

---

⊖　DRY 原则，是 Hunt 和 Thomas 编写的《程序员修炼之道》一书中的核心原则，DRY 编程原则是指不写重复的代码，把能抽象的代码抽象出来。

# 实现细节

- 第 30 章　数据库只是实现细节
- 第 31 章　Web 只是实现细节
- 第 32 章　应用程序框架只是实现细节
- 第 33 章　案例研究：视频销售
- 第 34 章　细节决定成败

第30章

# 数据库只是实现细节

从架构角度看，数据库只是实现细节，并没有上升到架构要素这个级别，它与软件系统架构的关系就像门把手和房屋架构的关系。

这种说法肯定很有争议。虽然对系统架构来说，如何设计应用程序的数据模型非常重要，但数据库不是数据模型，它只是一种软件，是一种用来提供数据访问的实用工具。从架构角度来看，这个工具无关紧要，因为它是底层实现细节——一种达成目标的机制。优秀的架构师不会让底层机制影响系统架构。

## 关系型数据库

1970 年，埃德加·科德（Edgar Codd）定义了关系型数据库的原理。到 20 世纪 80 年代中叶，关系模型因其优雅、严谨和稳健的特点，发展成了数据存储的主流形式，是一种非常优秀的数据存储和访问技术。但无论它多么优秀、数学上多么合理，也仅仅是技术。换句话说，它只是实现细节。

虽然关系表对某些形式的数据访问可能很方便，但将数据排列成行数据从架构角度来看没那么重要。应用程序无须知道也无须关心实现细节。实际上，对数据表结构的依赖应该局限在架构外圈的底层实用工具中。

很多数据访问框架允许在系统间以对象方式传递数据库的行数据和表。从架构角度来看这么做是不对的。它将用例、业务规则，甚至某些情况下的 UI 都和关系型数据模型绑定到了一起。

## 数据库系统为什么如此流行

为什么软件系统和软件企业由数据库系统主导？是什么导致了 Oracle、MySQL 和 SQL Server 的卓越地位？用一个词来说：磁盘。

磁盘技术一直在发展，从最初直径 48 英寸（1 英寸 =0.025 4 米）、重达数千磅、只能存储 20MB 的磁盘，发展到现在单个直径 3 英寸、仅重数克、存储太字节（TB）级别的磁盘。而在这发展过程中，程序员始终受困于磁盘技术的一个致命缺陷：磁盘速度慢。

在磁盘上，数据存储在圆形磁道中。磁道又被分为一系列扇区，每个扇区的大小通常为 4KB。每个盘片大概有数百条磁道，一个磁盘可能有十几个盘片。如果要从磁盘上读取某个字节，则必须先将磁头移动到适当的磁道，等磁盘旋转到适当的扇区后，再将该扇区整个 4K 数据读入 RAM，然后检索 RAM 缓冲区获取所需的字节。这些都需要时间——毫秒级别。

毫秒看起来不慢，但已经比大多数处理器的速度慢百万倍了。如果数据在内存而不是磁盘上，访问速度通常是纳秒级而不是毫秒级。

为了减少磁盘带来的时间延迟，需要使用索引、缓存以及查询优化等技术，还需要用某种规则化方式表示数据，以便索引、缓存和查询优化协同工作。简而言之，需要数据访问和管理系统。多年以来，发展出了两种不同的技术：文件系统和关系型数据库管理系统（RDBMS）。

文件系统基于文档，它提供一种自然便捷的方式存储整个文档。当需要按名字保存和查找文档时，文件系统非常有用。当检索文档内容时，文件系统用处就不大了。查找名为 login.c 的文件很容易，但要找出所有包含变量 x 的 .c 文件就很困难，也很慢。

数据库系统基于内容，它提供一种自然便捷的方式根据内容查找记录，最擅长的就是根据内容中的某种共同特征查找数据。不足的是，它不擅长存储和查找非结构化文档（Opaque Documents）。

这两种系统都将数据组织在磁盘上，根据特定的数据访问需求，以尽可能高效的方式进行存储和检索。这些系统都有自己的索引和排列数据的方案，而且最终都会将相关数据读入 RAM，以便加快操作。

## 假如没有磁盘

磁盘曾经很常见，但现在已经在慢慢消失了。很快它们就会和磁带、软盘、CD 一样被淘汰，被 RAM 所替代。

当磁盘被淘汰，所有数据保存在 RAM 中时，如何组织数据？是组织成表使用 SQL 访问么？还是组织成文件使用目录访问？这些都不是，应该将数据组织成链表、树、哈希表、栈、队列等数据结构，然后通过指针或引用来访问数据——程序员就是这么做的。

事实上，如果仔细思考这个问题，就会意识到这就是日常所做的。即便数据存储在数据库或文件系统中，还是会把数据读入 RAM，然后根据需要重新组织，转换为列表、集合、栈、队列、树等数据结构。很少有人会让数据继续保持文件或数据表的形式。

## 实现细节

数据库只是实现的细节，一种在磁盘和内存之间移动数据的机制。实际上，数据库只是用来长期保存数据的存储桶，但我们很少以这种形式使用数据。

因此，从架构角度看，不应该关心数据以何种方式保存在磁盘上。事实上，甚至应该忽略磁盘的存在。

## 数据存储的性能

架构不考虑性能么？当然要考虑——但数据存储应该被完整封装并且与业务规则分离。我们需要从数据存储中快速获取数据，但这是底层实现问题，完全可以用底层数据访问机制解决。这与系统整体架构无关。

## 轶事

20 世纪 80 年代后期，我曾在一家创业公司负责一个软件工程师团队，当时这家公司正力图开发用于检测 T1 电信线路的通信完整性的网络管理系统。该系统从线路两端的设备中检索数据，然后运行一系列预测算法来检测和报告问题。

当时用的是 UNIX 平台，用简单的随机访问文件来存储数据。因为数据之间几乎没有关联，所以不需要关系型数据库，更适合用树和链表方式存储。简而言之，我们以最方便加载到 RAM 中进行操作的形式保存数据。

这家公司聘请了一位营销经理，他和我说的第一件事就是坚持要用关系型数据库。这不是工程问题——而是营销问题。

这对我来说毫无意义。为什么要把原本是链表和树的数据重排成行数据和表，然后用 SQL 访问？为什么简单文件系统够用的情况下，非要引入庞大的有额外开销和费用的 RDBMS？我和他针锋相对，互不相让。

当时这家公司有位热衷于 RDBMS 的硬件工程师。他坚信，出于技术原因，软件系统有必要采用 RDBMS。他背着我召集公司高层开会，在白板上画了一间用几根杆子支撑的房子，问到："你们会在杆子上搭建房子吗？"言下之意是，将表存储在文件系统的 RDBMS 要比用文件系统存储更可靠。

我和他辩论，也和营销人员辩论。面对令人难以置信的无知，我坚持工程原则，一次又一次和他们辩论。

最终，RDBMS 还是被放进了那个糟糕的系统。最终就是，他们胜利而我失败了。

请注意，不是出于工程原因，在这点上我仍然坚持自己的观点。我认为不应该将 RDBMS 纳入系统的核心架构。我之所以失败，是因为客户想要关系型数据库。他们不知道为什么需要，也没有机会在系统里使用。这都不重要，客户就是想要 RDBMS。所有软件采购清单上都有这个选项。这不是工程原因——和理性无关。实际上这是一种非理性的、外部因素、没有道理的需求，但它真实存在。

这种需求来自哪里？来自当时数据库供应商非常有效的市场营销。他们成功地说服了企业高管，企业的"数据资产"需要保护，而他们提供的数据库系统则是提供这种保护的理想选择。

今天我们能看到同样的市场营销。比如"企业级""面向服务的架构"这样的词，更多是营销而不是工程需要。

如果回到当时（过去很久了），我应该怎么做？我应该在系统的某个角落里安装一个 RDBMS，在确保系统核心仍然是文件系统的基础上，提供一个范围很窄而又安全的渠道使用数据库。那当时我实际做了什么？我辞职了，成了一名咨询师。

## 本章小结

数据的组织结构、数据模型，都是系统架构的重要组成部分。而从磁盘上存取数据的技术和系统却没那么重要。强制将数据组织为表并使用 SQL 进行访问的关系型数据库系统，与数据存储有关，而与数据模型无关。总之，数据本身很重要，但数据库只是实现细节。

# 第31章

# Web 只是实现细节

你是 20 世纪 90 年代的程序员吗？还记得 Web 是如何改变一切的吗？还记得 Web 作为新技术登场之后，大家是如何不屑地看待昔日的客户端服务器架构的吗？

事实上，Web 并没有什么改变。或者这么说，至少它不应该改变。软件行业自 20 世纪 60 年代以来经历了一系列波动，Web 只是其中的最近一次。这些波动在将所有计算机能力集中于中央服务器上和分散到各终端之间来回摆动。

随着 Web 技术越来越突出，在过去十多年时间里，这样的波动已经有过几次。起初，我们认为所有的计算机能力都应该在服务器中，浏览器端要保持简单。然后开始在浏览器中加入小程序。但后来又把动态内容移回服务器上。随后又发明了 Web 2.0，使用 Ajax 和 JavaScript 将大量处理工作移回浏览器。甚至在浏览器中编写并执行完整大型应用程序。现在，我们又很兴奋地借助 Node 在服务端使用 JavaScript。

## 无尽的钟摆

当然，技术波动的开端并不是 Web。在 Web 之前，有客户 – 服务器架构。在客户 – 服务器之前，有带哑终端阵列的中央小型计算机。再之前，有带智能绿屏终端的大型机（非常类似于现代的浏览器）。更往前，有计算机房和打孔卡……

故事就是这样。我们似乎永远都无法决定要把计算机能力放在哪里，总在集中式和分布式之间来回摆动，而且看起来这些摆动还将在未来持续下去。

从 IT 发展史来看，Web 技术根本没有改变什么。Web 只是众多波动中的一次，一次始于我们大多数人出生之前并将延续到我们职业生涯之后的波动。

作为架构师，应该放眼长远，这些波动只是短期问题，系统的核心业务规则中不应该考虑这些。

讲一个 Q 公司的故事。Q 公司构建了一个非常受欢迎的个人财务系统。它是一个 GUI 很好用的桌面应用，我很喜欢。

然后 Web 浪潮来了。在后续的版本中，Q 公司将 GUI 改成了浏览器风格。我吓了一跳！究竟是哪个营销天才的主意，为什么桌面运行的个人财务软件要有网络浏览器的外观？

我当然讨厌这个新界面。显然，其他人也这么认为——因为在之后的几个版本中，Q 公司逐渐去掉了浏览器风格的设计，又将其恢复成正常的桌面 GUI。

假设你是 Q 公司的架构师，而公司的营销人员说服管理高层，将整个用户界面改成 Web 风格。你会怎么做？或者说，为了保护应用不受营销人员的影响，你应该提前做些什么？

应该将业务规则和用户界面解耦。不知道 Q 公司的架构师有没有这么做，希望有机会能听他们讲讲。如果当时是我，我肯定会极力说服他们将业务规则与 GUI 隔离开来，因为永远不知道营销人员接下来会做什么。

再说下 A 公司，它的产品是漂亮的智能手机。最近它发布了一个升级版"操作系统"（我们竟然谈论手机操作系统，实在有点奇怪）。其他改动不提，该"操作系统"的这次升级完全改变了所有应用程序的外观。为什么？我想又是一些营销天才的主意。

我不是智能手机软件专家，不知道这个是否会给为 A 公司手机编写应用的程序员造成很大的困难。我真心希望 A 公司的架构师，以及应用程序架构师能将用户界面与业务规则隔离，因为总有营销天才想把它们整合到一起。

## 要点

简而言之，GUI 是实现细节，Web 是 GUI 的一种，也只是细节。作为架构师，应该将实现细节与核心业务规则隔离开。

可以这样考虑：Web 是 I/O 设备。在 20 世纪 60 年代，我们就已经了解了编写与设备无关的应用程序的重要性。这种独立性迄今未变。Web 也不例外。

真是如此吗？有观点认为，Web 这样的 GUI 如此独特和表现丰富，因此追求与设备无关的架构显得毫无意义。考虑到 JavaScript 数据验证或可拖放 Ajax 调用的复杂性，以及可以在 Web 页面上放置大量小部件和小工具，很容易认为没必要追求设备无关性。

　　某种程度上的确如此。应用程序与 GUI 之间是"聊天"式的交互，与 GUI 类型密切相关。浏览器和 Web 应用之间的交互与桌面 GUI 和应用之间的交互是不同的。要像 UNIX 中抽象设备一样抽象这种交互，似乎是不可能的。

　　但 UI 和应用程序之间的另一条边界可以被抽象化。业务规则可被认为一组用例，每个用例都代表用户执行某种功能。每个用例都可以用输入数据、执行处理和输出数据来描述。

　　在 UI 和应用程序交互中，可以认为输入数据已经完成，用例进入执行阶段。完成后，结果数据又可以在 UI 和应用程序之间传递。

　　完整的输入数据和结果输出数据可以放入数据结构中，作为处理用例的输入值和输出值。通过这种方法，可以认为用例都是以与设备无关的方式操作用户界面的 IO 设备。

## 本章小结

　　这种抽象并不容易，很可能需要多次尝试才能找到方向，但这是可行的。而且，世界上最不缺的就是营销天才，这么做往往是非常必要的。

第 **32** 章

# 应用程序框架只是实现细节

　　应用程序框架现在非常流行。总体来看，这是好事。有许多免费、强大且有用的框架。

　　但框架不是架构——虽然有些框架以此为目标。

## 框架开发者

　　大多数框架开发者愿意免费提供自己的成果，以帮助社区和回馈社会。这值得称赞。然而，框架开发者了解他们自己的问题，以及同事和朋友的问题。他们编写框架是为了解决这些问题——而不是你的问题。

　　当然，你遇到的问题可能与其他人有相当程度的重叠。如果不是这样，框架就不会这么流行了。在这些重叠的问题范围内，框架确实非常有用。

## 不对等的关系

　　你和框架开发者之间的关系是非常不对等的。采用某个框架，就要遵循它的诸多约定，但框架开发者却不需要对你做出任何承诺。

　　仔细想下，使用一个框架时，需要阅读该框架开发者提供的文档。文档中，开发者和该框架的其他用户会建议你如何将你的软件与该框架集成。一般来说，这意味着你需要围绕框架设计架构。开发者会建议你基于框架的基类派生类，并在业务对象中引入框架。开发者会极力建议你将应用尽可能紧密地与框架耦合。

　　对框架开发者来说，与框架耦合并没有风险。开发者希望与该框架耦合，是因为开发者对该框架拥有绝对的控制权。

　　更重要的是，开发者希望你与框架紧密结合。因为一旦耦合，就很难再分开。对于框架开发者来说，没有什么比让一堆用户心甘情愿从框架基类派生类更令人欣慰的了。

　　实际上，开发者是在要求你对框架做出巨大的、长期的承诺。然而，在任何情况下，开发者都不会对你做出相应的承诺。你承担了所有风险和负担；而框架开发者根本不承担任何东西。

## 风险

有什么风险？这里有一些供你考虑。

❑ 框架的架构并不总是很整洁。框架自身可能违反了依赖原则。比如，要求你的业务代码——甚至业务实体——继承框架代码。希望框架耦合到最内圈代码中。一旦引入，就再也离不开它了。

❑ 框架可以帮助实现一些应用程序的早期功能。但随着产品的成熟，它可能会超出框架的范围。随着时间的推移，你会发现和框架之间的博弈越来越多。

❑ 框架本身可能会朝着对你没什么帮助的方向发展。你被迫升级到一个不需要的新版本。甚至发现所使用的旧功能没了，或者变得你难以跟上。

❑ 可能会有更新、更好的框架出现，你希望能切换过去。

## 解决方案

解决方案是什么？可以使用框架——只是不被它绑住。与它保持一定距离，把它视为架构最外圈的实现细节，不要让它进入内圈。

如果框架想让你从它的基类中派生业务对象，那就说不！可以用派生代理，并将这些代理放入业务规则插件中。

不要让框架进入核心代码，相反，遵循依赖原则，将它们当成核心代码的插件。

例如，你可能喜欢 Spring。它是很好的依赖注入框架。也许你用 Spring 自动连接依赖关系。这很好，但不要在你的业务对象中到处添加 @autowired 注解。业务对象不应该知道 Spring。

相反，你可以用 Spring 将依赖关系注入 Main 组件。因为 Main 组件是系统架构中依赖关系最复杂、最底层的组件，让它依赖 Spring 是可以的。

## 主动做出选择

有些框架你必须选择它。例如，如果使用 C++，你可能不得不选择 STL——几乎无可避免。如果使用 Java，你必须要使用标准类库。

这很正常——但它应该是主动选择的结果。

## 本章小结

当面临框架选择时，试着不要立即做出选择。在你承诺之前，在尽可能长的时间内，将框架保持在架构边界之外。也许你可以找到一种可获得牛奶而不必买下整头牛的方法。

# 第33章

## 案例研究：视频销售

现在是时候把这些关于架构的规则和想法整理成一个案例了。本章的这个案例分析很简短，但可以清楚描述优秀的架构师如何使用这些规则以及如何进行决策。

## 产品

这个案例选择的是视频销售网站。

想法很简单，就是在网站上出售一批视频给个人或者企业。个人支付后可以在线观看，也可以支付更高价格下载视频，永久拥有。企业授权只能在线播放，但可以用折扣批量购买。

个人用户通常既是观看者也是购买者。相比之下，企业用户通常是买来给别人看的。

视频作者提交视频文件、文字描述以及考试、问题、解决方案、源代码以及其他材料。

管理员添加新视频系列，在该系列中添加和删除视频，并为各类许可证设置价格。

系统架构第一步，识别参与者和用例。

## 用例分析

图 33.1 显示了一个典型的用例分析。

图 33.1 中有四个参与者。根据单一职责原则（SRP），这四个参与者是系统变更的主要来源。添加或修改功能，都是为了服务参与者中的一个。因此我们对系统进行了区分，避免参与者需求的变化影响其他参与者。

图 33.1 的用例并不完整。比如，没有登录或注销的用例。省去它们主要是限于本书篇幅。如果包括所有不同用例，本章可以单独写一本书了。

注意图 33.1 中的虚线用例。它们是抽象<sup>⊖</sup>用例，负责设定通用策略，而其他用

---

　⊖　这是我自己为"抽象"用例设计的符号。使用 UML（如 <> ）会更标准，但现在遵守这种标准已经没什么用了。

例在此基础上进行具体实现。如图 33.1 所示，"购买者查看目录"和"观看者查看目录"都继承自抽象用例"查看目录"。

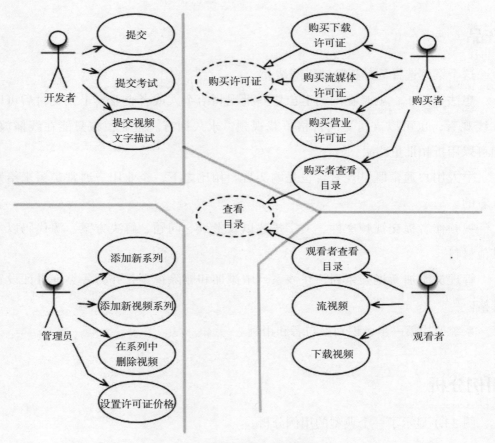

图 33.1 典型的用例分析

严格来说，这种抽象不是必须的。删除抽象用例，不会对整个产品产生什么影响。但另一方面，这两个用例非常相似，早期分析时将它们合并是明智的。

## 组件架构

了解参与者和用例后，便可以创建一个初步的组件架构（见图 33.2）。

图 33.2 中的双实线代表架构边界。典型的划分有视图、展示器、交互器和控制器，也按照相应的参与者进行了细分。

图 33.2 中每个组件都代表一个 .jar 或 .dll 文件。每个组件都包含属于它的视图、展示器、交互器和控制器。

注意两个特殊组件目录视图和目录演示器，用来处理抽象用例"查看视图"。这里假设这些视图和展示器被编写到组件中的抽象类中，继承的组件将包括这些抽象类派生的视图和展示器类。

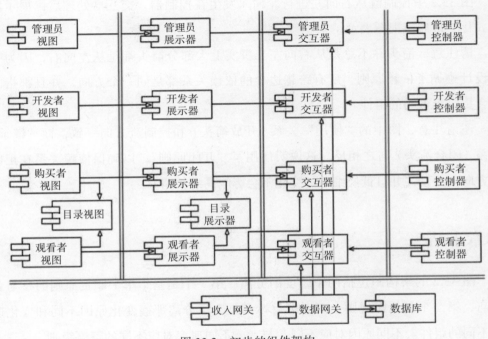

图 33.2　初步的组件架构

真的需要将系统分成这么多组件，以 .jar 或 .dll 文件交付么？是，又不全是。编译和构建时的确要用这种方式分开，以便构建独立组件。如果有必要，也可以将这些组件合并成少数交付物。例如，对于图 33.2 中的分区，可以很容易地将它们合并成 5 个 .jar 文件——视图、展示器、交互器、控制器和实用工具类，然后独立部署这些最有可能独立变更的组件。

还有一种分组方法，将视图和展示器放在同一个 .jar 文件中，交互器、控制器和实用工具类放在各自的 .jar 文件中。更简单的方式，将视图和展示器放在一个 .jar 文件，其他放到另一个文件。

保持这些选项的开放性，根据系统变化情况调整部署方式。

## 依赖管理

图 33.2 中控制流从右向左进行。输入发生在控制器，交互器处理后由展示器格式化，最后由视图展示结果。

请注意，箭头并不总是从右向左。事实上大部分箭头都是从左向右，因为架构设计遵循了依赖原则。所有跨越边界的依赖关系都是同一个方向，并且都指向包含更高级策略的组件。

还请注意，图中的"使用"关系（开放箭头）和控制流方向一致，而"继承"关系（闭合箭头）与之相反。这说明使用了"开闭原则"，以确保依赖关系在正确的方向上流动，并且低层细节的变化不会影响高级策略。

## 本章小结

图 33.2 的架构图包括两个维度的分离。第一个是基于单一职责原则的参与者分离，第二个是依赖规则。两者的目标都是为了分离那些变化原因不同和变化速率不同的组件。不同原因对应不同参与者，不同速率对应不同的策略级别。

用这样的方式组织代码，可以在部署时灵活处理。可以用任何有意义的方式将组件组成可部署的交付物，在条件发生变化时灵活调整。

# 第 **34** 章

## 细节决定成败

*By Simon Brown*

前面章节的内容有助于你设计更好的软件，其中的类和组件具有明确的边界、清晰的职责和可控的依赖关系。但事实证明，细节决定成败。

假设构建一个在线书店，要求实现的用例之一是客户能够查看订单状态。虽然示例用 Java，但原理适用于任何语言。现在，暂时把本书内容放在一边，先看看设计和代码组织。

## 按层组包

第一种，也许是最简单的设计，即传统的水平分层。从技术的角度根据代码的功能来分离代码。这通常称为按层组包，如图 34.1 所示。

图 34.1 中典型的 UML 类图形式的分层架构中，有一层为 Web 代码，有一层用于"业务规则"，还有一层是持久化。换句话说，代码进行了水平分层，用于将相似类型的代码进行分组。在严格分层架构中，每层只能依赖直接相邻的下一层。在 Java 中，层通常用包实现。如图 34.1 所示，所有分层（包）的依赖关系都指向下方，包括以下 Java 类。

`OrdersController`：Web 控制器，类似 Spring MVC 控制器，负责处理 Web 请求。

`OrderService`：定义与订单相关"业务规则"的接口。

`OrderServiceImpl`：订单服务的具体实现。

`OrdersRepository`：定义如何访问持

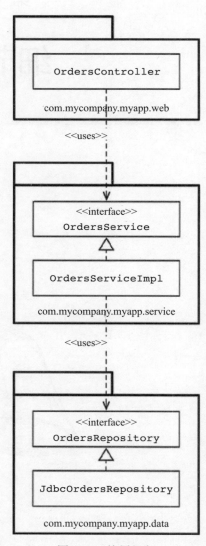

图 34.1　按层组包

久化订单信息的接口。

　　**JdbcOrdersRepository**：存储库接口的实现。

　　在 *Presentation Domain Data Layering* 一文中，Martin 称，项目初期采用分层架构是一个很好的起点。持这种观点的不在少数，许多书籍、教程、培训课程和示例都会建议使用分层架构。在情况不太复杂时这是一种可以快速启动和运行程序的方法。问题是，正如 Martin 所指出的，一旦软件规模和复杂性增长，很快就会发现三层是不够的，需要进一步模块化。

　　另一个问题是，如 Bob 大叔所说，分层架构没有突显任何业务领域的信息。当将两个业务领域差别很大的代码放到一起比较时，会发现它们相似度很高：都有 Web 控制器层、服务层和持久层。分层架构还有另一个巨大问题，稍后再谈。

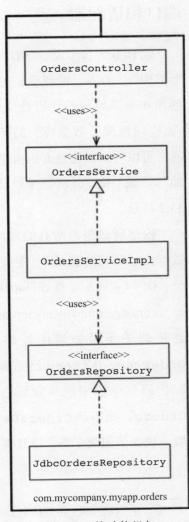

## 按功能组包

　　另一种代码组织形式是按功能组包。这是一种基于相关功能、领域概念或聚合根（领域驱动的设计术语）的垂直切分。在我所看到的典型实现中，所有类型都会放到单个 Java 包中，该包以领域概念命名。

　　如图 34.2 所示，类和接口与之前一样，但它们都被放到了一个 Java 包里，而不是三个包。相比按层组包，这看起来只是简单的重构，但顶层代码结构是与业务领域相关的。可以看到这段代码和订单有关，而与 Web 控制器层、服务器层和持久层无关。此外，在查看订单用例发生变

图 34.2　按功能组包

化时，比较容易找到所有需要修改的代码。这些代码都在一个 Java 包中，而不是分散在各处。⊖

经常看到软件研发团队在水平分层（即按层组包）遇到困难后再换成垂直分层（即按功能组包）。我认为，这两种方式都不是很好。如果你已经读了本书前面的内容，可能会想，我们可以做得更好——你是对的。

## 端口和适配器

如 Bob 大叔所说，"端口和适配器""六边形架构""边界、控制器、实体"等方法旨在创建业务领域核心代码独立于技术实现细节（如应用框架、数据库）的架构。总而言之，通常可以看到以这种方法构建的代码库由"内部"（领域）和"外部"（基础设施）组成，如图 34.3 所示。

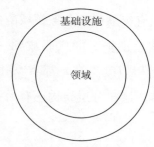

图 34.3 代码库的内部和外部

内部区域包含所有的领域概念，外部区域包含与外部世界的交互（例如 UI、数据库、第三方集成）。主要规则是，只有外部区域依赖内部区域，永远不会相反。图 34.4 显示了查看订单用例的一种实现。

com.mycompany.myapp.domain 是内部包，而其他包属于外部。注意依赖关系是如何由外部流向内部的。有些读者会注意到，之前图中的 OrdersRepository 已重命名为 Orders。这源自领域驱动设计的建议，内部代码都应该用统一领域语言来描述。换句话说，在业务领域讨论的应该是 Orders，而不是 OrdersRepository。值得注意的是，这是 UML 类图的简化版，缺少了如交互器，以及跨越依赖边界传递的数据对象。

---

⊖ 这一优势在现代 IDE 的导航功能面前已经不那么重要了，但现在又出现了回归轻量型文本编辑器的复兴潮流。或许是我老了，不理解背后的原因。

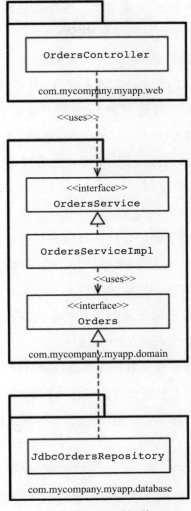

图 34.4  查看订单

## 按组件组包

对于代码组织有另一种选择，即按组件组包。我职业生涯的大部分时间都在用 Java 构建企业软件，涉及许多商业领域。这些系统相差很大，有很多基于

Web，也有一些是客户－服务器<sup>⊖</sup>、分布式，基于消息或者其他的。虽然具体技术不同，但大部分系统都是基于传统的分层架构。

分层架构的目的是将有相同功能的代码分开。Web 控制器和业务规则分开，业务规则与数据处理分开。正如在 UML 类图中所见，从实现角度看，层代表 Java 包。从代码可访问性角度看，要使 OrdersService 接口被 OrdersController 依赖，OdersService 接口需要是公有的，因为它们在不同的包中。同样，OrdersRepository 接口也需要是公有的，这样才能对包外的 OrdersServiceImpl 可见。

在严格的分层架构中，依赖箭头应始终向下，每层只依赖直接相邻的下层。通过引入代码库中元素相互依赖的规则，可以得到一个漂亮、干净、无环的依赖图。但存在一个问题，引入一些不必要的依赖，也可以获得漂亮无环的依赖图。

假设聘请新员工加入团队，并给他安排了一个实现与订单相关的业务用例的任务。作为新人，他希望给人留下深刻印象并尽快实现这个用例。他喝着咖啡坐着看了一会代码，发现了 OrdersController 类，于是将订单相关的新 Web 代码都放了进去。但这段代码需要从数据库获取订单数据，他灵机一动："哦，有个 OrdersRepository 接口，只需要将依赖注入控制器。完美！"敲了几分钟代码之后，Web 页面可以正常工作了。UML 类图形式变成了图 34.5 所示的宽松的分层架构。

依赖箭头仍然向下，但某些用例中 OrdersController 绕过了 OrdersService。这种允许跳过直接相邻层的架构通常称为"宽松的分层架构"。某些情况下，这符合预期——例如，遵循 CQRS 模式。但在许多其他情况下，绕过业务规则是不可取的，尤其是业务规则负责对单个记录的授权访问控制时。

虽然新用例可以工作，但它不是以期望方式实现的。作为咨询师，我在很多团队中见过这种场景，他们通常只有在团队第一次可视化代码库时才会发现。

---

⊖　1996 年，我大学毕业后的第一份工作是用 PowerBuilder 构建客户－服务器桌面应用程序，这是一种超级高效的 4GL 技术，一种擅长构建数据库驱动的应用程序。几年后，我开始使用 Java 构建客户－服务器应用程序，我需要自己构建数据库连接（当时还没有 JDBC），还需要在 AWT 的基础上自己构建 GUI 工具包。这就是所谓的"进步"！

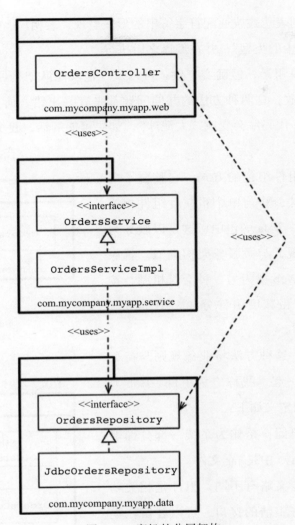

图 34.5　宽松的分层架构

　　因此需要一个规范——一个架构设计原则——比如 " Web 控制器不应该直接访问持久层"。当然,问题在于如何执行。很多团队只是说,"我们有良好的组织纪律和代码审查,因为我们相信我们的开发者"。自信当然好,但我们都知道,预算和工期迫近时会发生什么。

　　很少有团队说,他们采用静态分析工具(如 NDepend、Structure101、Checkstyle)在构建阶段自动检查代码是否违反架构设计原则。你可能见过这样的规则：通常以正则表达式或通配符字符串的形式呈现，表明" **/Web 中的类型不允许访问 **/data 中的类型"，并在编译之后执行。

这种方式简单粗暴，但确实有效，可以发现违反团队架构原则的情况，并且（你希望）构建失败。这两种方法的共同问题都是容易出错，而且反馈周期太长。如果不加以控制，代码库会变成"大泥球"。如果可能的话，我个人希望借助编译器来检查架构。

再来看看按组件组包的方式。它整合了之前提到的所有方法，将与单个粗粒度组件相关的所有类都放在一个 Java 包中。这是以服务为中心的软件系统观，与微服务架构类似。就像端口和适配器将 Web 视为另一种交付机制，按组件组包将 UI 和粗粒度组件分离。图 34.6 展示了查看订单用例。

从本质上说，这种方法将业务规则与持久化代码合并到了一起，我称之为组件。Bob 大叔在本书中对组件定义如下：

组件是部署单元，是作为系统一部分部署的最小实体。在 Java 中是 jar 文件。

我对组件的定义略有不同，组件是相关功能的集合，有友好整洁的接口，可以驻留在类似应用程序的执行环境中。这个定义来自我的 C4 软件架构模型。这个模型以简单分层中的容器、组件、类（或代码）等概念来考虑软件系统的静态结构。它认为，软件系统是由一个或多个容器（Web 应用、移动应用、独立应用、数据库、文件系统）组成。每个容器包含一个或多个组件。每个组件又有一个或多个类（或代码）。

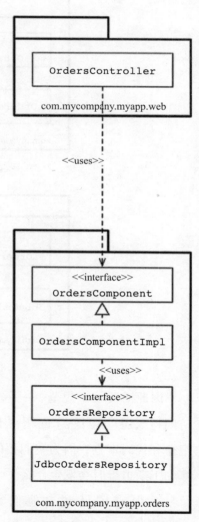

图 34.6 查看订单用例

组件是否独立成一个 jar 文件，则是另一个维度的事情。

　　按组件组包的主要好处是，如果要编写与订单相关的代码，只需要改一个地方——OrdersComponent。在组件内部，仍然要注意关注点的分离，业务规则和数据持久化是分开的，但这是组件的实现细节，用户无须知晓。这类似采用微服务或面向服务的架构的结果——单独的 OrdersService 封装了所有与订单相关的内容。关键区别在于解耦方式，可以将单体应用程序定义良好的组件视为微服务架构的前提。

## 实现细节

　　从表面上看，四种代码组织方式各不相同，是不同的架构风格。不过，如果搞错了实现细节，这个看法就完全不对了。

　　我经常看到，在 Java 等语言中，滥用 public 访问修饰符。作为开发者，使用 public 关键字几乎是本能，就像肌肉记忆一样。如果你不相信，可以看下各种书中的示例代码、教程，GitHub 上的开源框架。这种倾向显而易见，不管采用哪种架构风格——水平分层、垂直分层、端口和适配器，或其他什么。所有类都设置为 public 意味着没有利用编程语言所提供的封装机制。某些情况下，没有任何东西可以阻止有人写一段直接实例化一个具体类的代码，即便这违背了架构设计要求。

## 组织方式与封装

　　从另一个角度看，如果把 Java 程序中的所有类型都设置为 public，则包只是一种组织方式（一种分组，像文件夹一样），而不是封装。由于 public 类可以在代码库的任何地方使用，因此可以忽略包，因为其提供的实际价值很小。最终结果是，如果忽略了包（因为不提供任何封装和隐藏），那么采用哪种架构风格都不重要了。回看 UML 示例图，如果所有类都是 public，那么 Java 包就成了无关紧要的细节。本质上，过度使用的结果是，本章前面介绍的四种架构方法没有任何区别（见图 34.7）。

仔细观察图 34.7 中每种类型之间的箭头：无论采用哪种架构设计风格，它们都是一样的。虽然概念不同，但它们在语法上是相同的。此外，可以说，当所有类型都是 public 时，其实是用四种不同方法描述一种传统水平分层架构。当然，真的会有人把所有 Java 类型设置为 public 吗，我确实见过。

虽然 Java 中的访问修饰符不完美<sup>⊖</sup>，但忽略它们就是自找麻烦。Java 类型放置在包中的组织方式会对这些类型在适当应用 Java 访问修饰符时的可访问性（或不可访问性）产生巨大影响。如果将包引入图中，标记（虚化方式）那些用访问修饰符限制的类型，那么这张图就变得很有意思了（见图 34.8）。

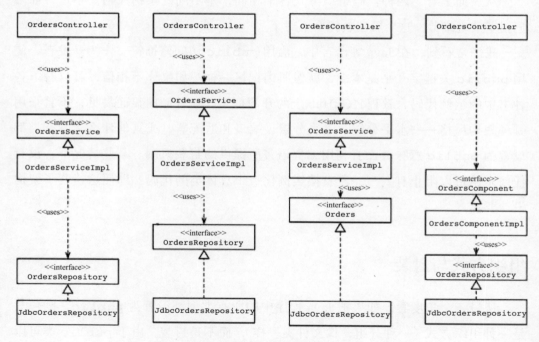

图 34.7　四种架构风格都是一样的

---

⊖ 例如在 Java 中，尽管包是分层的，但实际上没有办法控制包和子包间的访问关系。创建的任何层次结构都只是对包名和磁盘上的目录结构有意义。

从左向右看，在"按层组包"架构中，OrdersService 和 Orders-Repository 接口需要 public，因为有包外的类依赖它们。相比之下，实现类（OrdersServiceImpl 和 JdbcOrdersRepository）控制更严格（包内访问）。其他类不需要了解它们，因为它们是实现细节。

在"按功能组包"架构中，OrdersController 是包的唯一入口，其他类都可以设置为包内访问。最大的问题是，代码库中的其他类必须通过控制器才能访问订单信息。这种做法有利有弊。

在"端口和适配器"架构中，OrdersService 和 Orders 接口有来自包外的依赖，需要 public。同样，实现类可以设置为包内访问，运行时注入依赖。

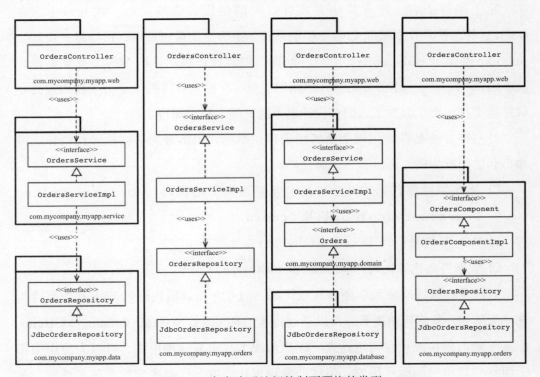

图 34.8  灰色表示访问控制更严格的类型

最后，在"按组件分包"的架构中，OrdersComponent 接口有来自控制器的依赖，但其他类可以设置为包内访问。public 越少，潜在的依赖关系就越少。

现在包外代码无法⊖直接使用 OrdersRepository 接口或实现，可以利用编译器来执行这个架构原则。在 .Net 中，可以用关键字 internal 达到同样目的，不过需要为每个组件创建一个单独的组件。

澄清一点，这里描述的是单体应用，所有代码都在一个源代码树中。如果你构建的是这种程序（大部分是如此），那么建议利用编译器来执行架构原则，而不是依赖自律和编译后的工具。

## 其他解耦模式

除了编程语言，还有其他方式可以解耦源代码依赖关系。在 Java 中，有 OSGi 这样的模块化框架和 Java 9 模块系统。正确使用模块系统，可以进一步区分 public 类型和 published 类型。例如，创建订单模块，所有的类型都标记为 public，只发布一小部分类供外部调用。Java 9 模块系统提供了另一种构建更好软件的工具，再次激发了人们对设计思考的兴趣，我很期待。

另一种方法是在源代码层面解耦依赖，即将代码拆分为不同的源代码树。以端口和适配器为例，可以有三个源代码树。

❏ 业务领域源代码（所有与技术和框架无关的代码）：OrdersService、OrdersServiceImpl 以及 Orders。

❏ Web 源代码：OrdersController。

❏ 数据持久化源代码：JdbcOrdersRepository。

后两者在编译时依赖业务和领域代码，而业务和领域代码对 Web 和数据持久化一无所知。从实现角度看，可以通过构建工具（例如 Maven、Gradle、MSBuild）配置单独的模块或项目实现这点。理想情况下，重复这种模式，可以为应用中每个组件构建单独的源代码树。但这非常理想化，拆分代码库经常会带来性能、复杂性和维护问题。

端口和适配器架构有一个更简单的实现方式，仅使用两个源代码树。

---

⊖ 除非你要赖用 Java 的反射机制，但请不要那么做。

- ❏ 领域代码（内部）。
- ❏ 基础设施代码（外部）。

这可以很好地和图 34.3 对应，很多人利用这张图来总结端口和适配器架构，其中编译时存在从基础设施到领域的依赖关系。

这种代码组织方式是可行的，但需要注意权衡带来的问题。我称之为"端口和适配器的外围反模式"。法国巴黎有条环形公路，叫外围大道。它使得人们绕行巴黎而无须进入。将所有基础设施代码放在一个源代码树中意味着，应用程序中某部分基础设施代码（例如 Web 控制器）可能无须经过领域代码，就能够直接调用另一部分的代码（如数据库访问）。如果访问修饰符设置不恰当，就更是如此了。

## 本章小结

本章重点是强调，如果不考虑实现策略的复杂性，再好的设计意图也会瞬间被破坏。思考如何将设计映射到代码结构上、如何组织代码，以及在运行时和编译时应用哪些解耦模式。在适用的情况下保留选项，但要务实，并考虑团队的规模、技能水平、解决方案复杂性以及时间、预算限制。可以利用编译器帮助执行架构设计原则，并要注意其他领域的耦合，如数据模型。

附　录

# 架构考古学

为了深入探索优秀架构的核心原则，让我们回顾一下从 1970 年至今，在这 45 年中我所参与的部分项目。从架构学的角度来看，其中一些项目颇具趣味性。它们之所以引人入胜，不仅在于项目本身的趣味性，更在于我们从中汲取的宝贵教训，以及这些教训如何为后来的项目指明了方向。

本附录虽带有一定的自传色彩，但我始终努力确保内容的焦点紧密围绕架构主题。当然，如同所有自传性叙述，其间也不免会穿插一些与之相关的个人经历和感悟。

## 工会会计系统

在 20 世纪 60 年代末，一家名为 ASC Tabulating 的公司与 Teamsters 工会的地方分会（Local 705）签订了一份提供会计系统的合同。ASC 选择在一台 GE Datanet 30 计算机上实施这一系统，如附图 1 所示。

附图 1　GE Datanet 30 计算机

图片来自 Ed Thelen, ed-thelen.org

正如附图 1 中所展示的，这是一台巨大的 <sup>⊖</sup>机器。它占据了一个房间，并且这个房间需要严格的环境控制。

这台计算机是在集成电路发明之前制造的。它由离散晶体管构建。其中甚至

---

⊖　我们听说过 ASC 的一台特定机器的故事，那就是它被装在一辆大型半挂车里，车里还有一家人的家具。在途中，卡车高速撞上了一座桥。计算机安然无恙，但它向前滑动，将家具压成了碎片。

还使用了一些真空管（尽管只是在磁带驱动器的感应放大器中用到）。

　　根据现代的标准来看，这台机器显得异常庞大而且性能低下。它配备了16KB×18bit 的核心存储器（core），每个操作周期大约为 7μs[一]。机器放在一个必须进行环境控制的大房间。此外，它装备了七轨磁带驱动器和一个容量约为 20MB的磁盘驱动器。

　　这个磁盘驱动器如同庞然大物。虽然你可以在附图 2 中见到它的样子，但这幅图片并没有完全显示出它的真实体积。柜体的顶端甚至超出了我的头顶。磁盘片的直径达到了 36 英寸（1 英寸 =0.0254 米），厚度为 3/8 英寸。其中一块磁盘片如附图 3 所示。

　　现在数一数第一张图片中的磁盘片，有十几个。每个都有自己的单独寻道臂，由气动执行器驱动。可以看到这些寻头在磁盘片上移动。寻道时间可能在半秒到一秒之间。

　　当这个庞然大物启动时，它的声音像喷气式发动机。地板会随着速度的提升而震动和摇晃。[二]

附图 2　带有磁盘片的数据存储单元

图片来自 Ed Thelen, ed-thelen.org

---

[一] 现在我们会说它的时钟频率为 142KHz。

[二] 想象一下那块磁盘的质量。想象一下那动能！有一天我们进来时看到有小金属屑从柜子底部掉落。我们叫来了维修工。他建议我们关闭设备。他来修理时说，一个轴承磨损了。然后他给我们讲述了这些磁盘如果不修理，可能会从它们的固定处脱落，穿过混凝土墙，甚至嵌入停车场的汽车中的故事。

附图 3　该磁盘的一块磁盘片：厚度 3/8 英寸，直径 36 英寸

图片来自 Ed Thelen, ed-thelen.org

Datanet 30 最引以为豪的功能是其驱动大量异步终端的能力，速度相对较快。这正是 ASC 所需要的。

ASC 位于伊利诺伊州湖畔布拉夫，距芝加哥北 30 英里。Local 705 的办公室位于芝加哥市中心。该工会想要十几名数据录入员使用 CRT<sup>⊖</sup>终端（见附图 4）来输入系统数据。他们会在 ASR35 电传打字机上打印报告（见附图 5）。

CRT 终端每秒运行 30 个字符。这在 20 世纪 60 年代末是一个相当不错的速度，因为那时的调制解调器相对简单。

ASC 从电话公司租了十几条专用电话线和两倍数量的 300 Baud 调制解调器，以将 Datanet 30 连接到这些终端。

这些计算机没有操作系统。它们甚至没有文件系统。你得到的是一个汇编器。

如果你需要在磁盘上保存数据，那么你会直接将数据写入磁盘的某个具体位置，而不是存放在某个文件或目录中。你要自行确定数据应该位于哪一个磁道、哪一个盘面，以及哪一个扇区，并亲自操作磁盘进行数据写入。确实，这也意味着我们需要自行编写磁盘驱动程序。

工会会计系统包含三种记录：代理人、雇主和会员。该系统对这些记录进行增删改查（CRUD）操作，还包括缴纳会费、计算总账变动等操作。

---

⊖　阴极射线管：单色、绿屏、ASCII 显示器。

附图 4 数据点 CRT 终端

图片来自 Bill Degnan , vintagecomputer.net

附图 5 ASR35 电传打字机

图片经 Joe Mabel 许可

原始系统是由一名顾问用汇编语言编写的，他设法将整个系统压缩到了 16KB 的存储空间内。

如你所想，那台大型 Datanet 30 机器的运行和维护费用非常高。保持软件运行的软件顾问费用也很高。而且，小型计算机正变得流行，且成本要低得多。

1971 年，我 18 岁的时候，ASC 雇佣了我和我的两个极客朋友，让我们用一个基于 Varian 620/f 微型计算机的系统来替换整个工会会计系统（如附图 6 所示）。那台计算机很便宜，雇佣费用也很便宜，所以这对 ASC 来说似乎是一笔划算的交易。

Varian 机器拥有 16 位总线和 32KB × 16 的核心内存，它的循环时间大约为

1μs，这比 Datanet 30 要强大得多。它使用了 IBM 极其成功的 2314 磁盘技术，使我们能够在直径仅为 14 英寸的磁盘上存储 30MB 的数据，而且它不会冲破混凝土砌块墙！

当然，我们仍然没有操作系统，没有文件系统，没有高级语言。我们有的只是一个汇编器。但我们还是设法做到了。

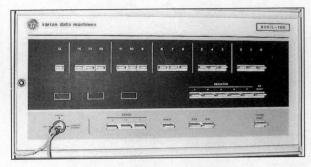

附图 6　Varian 620/f 微型计算机

我们没有试图将整个系统压缩到 32KB，而是创建了一个覆盖系统。应用程序将从磁盘加载到一个专门用于覆盖的内存块中。它们将在该内存中执行，并在需要时优先与它们的本地 RAM 一起被交换到磁盘上，以便其他程序可以执行。

程序将被交换到覆盖区域，执行足够的操作以填满输出缓冲区，然后被交换出去，以便另一个程序可以被交换进来。

当然，当你的用户界面以每秒 30 个字符的速度运行时，你的程序将花费很多时间等待。我们有足够的时间将程序在磁盘上交换进出，以保持所有终端尽可能快速运行。从未有人抱怨响应时间问题。

我们创建了一个能够管理中断和输入输出（I/O）的监督程序。我们负责开发了所有的应用程序、磁盘驱动、终端驱动、磁带驱动以及系统中的其他部分，系统中每一条指令都出自我们手。虽然这个过程中我们度过了无数个 80 小时的超长工作周，但我们最终仅用了 8 ～ 9 个月的时间，便成功地让这个庞大的系统投入运行。

系统架构非常简单（见附图 7）。当一个应用程序启动后，它将不断输出数据，直到其对应的终端缓冲区被填满。此时，监督程序会将当前应用程序交换出去，并启动一个新的应用程序。监督程序会以每秒 30 个字符的速度继续输出缓冲区内的数据，直到缓冲区几乎为空。随后，它会再次交换回原来的应用程序，以便重新填充缓冲区。

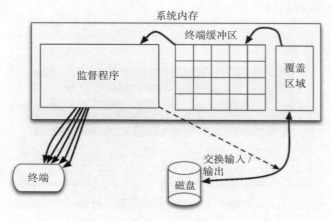

附图 7　系统架构

这个系统中有两个边界。第一个是字符输出边界。应用程序不知道它们的输出正被送往每秒 30 个字符的终端。实际上，字符输出对应用程序来说是完全抽象的。应用程序只是将字符串传递给监督程序，由监督程序负责加载缓冲区、将字符发送到终端，并在内存中交换应用程序。

这个界限确保了依赖关系按照控制流的方向进行。应用程序在编译时需要依赖监督程序，并且控制流会从应用程序向监督程序传递。此外，这一界限防止了应用程序得知输出数据将发送至何种设备。

第二个边界是依赖关系反转。虽然监督程序能够启动应用程序，但它在编译阶段并不依赖这些应用程序。控制流从监督程序传至应用程序。实现依赖反转的多态接口的方法很简单：所有应用程序都通过跳到覆盖区域内相同的内存地址来启动。这样的设计限制了监督程序，使其除了应用程序的启动点，无法获取任何其他信息。

### 激光微调

1973 年，我加入了芝加哥的一家名为 Teradyne Applied Systems（TAS）的公司。这是 Teradyne Inc. 的一个部门，总部设在波士顿。我们的产品是一个系统，它使用相对高功率的激光来对电子组件进行非常精细的调整。

在那些年，制造商会将电子组件丝网印刷到陶瓷基板上。这些基板大约有 1 英寸见方。组件通常是电阻器———一种抵抗电流流动的设备。

电阻器的阻值取决于多种因素，包括其组成和几何形状。电阻器越宽，其电阻就越小。

我们的系统会将陶瓷基板放置在一个带有探针的架子上，这些探针会与电阻器接触。系统会测量电阻器的阻值，然后使用激光切除电阻器的一部分，使其越来越薄，直到达到所需的电阻值，误差在 0.1% 左右。

我们将这些系统销售给制造商。同时，我们也使用了一些内部系统来为小型制造商提供相对小批量的产品。

电脑是 M365 型号。那是许多公司自己构建电脑的时代：Teradyne 制造了 M365 并将其提供给所有部门。M365 是当时非常流行的小型计算机 PDP-8 的增强版本。

M365 控制定位台，使陶瓷基板在探针下移动。它控制了测量系统和激光器。激光器通过可以在程序控制下旋转的 $X$–$Y$ 面镜进行定位。计算机还可以控制激光的功率设置。

M365 的开发环境相对原始。没有磁盘。大容量存储使用的是看起来像旧式 8 轨音频磁带的磁带盒。磁带和驱动器由 Tri-data 制造。

就像当时的 8 轨音频磁带一样，磁带是环状的。驱动器只能使磁带向一个方向移动——没有倒带功能！如果你想将磁带定位到开始位置，你必须将其向前移动到它的"加载点"。

磁带的移动速度约为每秒 1 英尺。因此，如果磁带环长 25 英尺，将其移动到加载点可能需要长达 25s。因此，Tridata 制造了几种长度的盒式磁带，从 10 英尺到 100 英尺不等。

M365 的前面有一个按钮，可以用一个小的引导程序加载内存并执行它。该程序会从磁带上读取第一块数据，然后执行该数据。通常这块数据包含了一个加载程序，用来加载存在磁带其余部分上的操作系统。

操作系统会提示用户输入要运行的程序名称。这些程序存储在操作系统之后的磁带上。我们会输入程序的名称，例如，ED-402 编辑者和操作系统会搜索磁带以找到该程序，加载并执行它。

控制台是一个带绿色磷光的 ASCII CRT 显示器，宽 72 个字符 ⊖，高 24 行。字符全部为大写。

要编辑程序，你需要加载 ED-402 编辑器，然后插入装有源代码的磁带。你会将一个磁带块的源代码读入内存，并显示在屏幕上。磁带块可能包含 50 行代码。你通过在屏幕上移动光标并以类似 vi 的方式输入并进行编辑。编辑完成后，你会将该块写入另一个磁带，并从源磁带读取下一个块，直到完成所有编辑。

程序的编辑没有办法回到之前的部分，只能从头到尾进行。如果需要修改程序的开始部分，你必须先把整个源代码复制到输出介质上，然后再开始一个新的编辑过程。鉴于这些限制，我们通常会把程序打印出来，在纸上用红色墨水标出所有需要修改的地方。接着，我们根据这些纸上的标记，逐段对程序进行修改。

一旦程序编辑完成，我们就返回操作系统并调用汇编器。汇编器读取源代码磁带，并写入一个二进制磁带，同时在我们的数据产品线打印机上生成一份清单。

磁带并不 100% 可靠，所以我们总是同时写入两个磁带。这样，至少其中一个磁带很有可能是无误的。

我们的程序大约有 20 000 行代码，编译时间几乎需要 30min。在这期间，读取磁带出错的几率大约是 1/10。如果汇编程序出现磁带错误，控制台上的铃声会响起，然后开始在打印机上打印错误流。你可以在实验室里听到这令人抓狂的铃声。你还能听到那位不幸的程序员的咒骂声，他刚得知需要重新开始 30min 的编译。

---

⊖ 魔术数字 72 源自 Hollerith 打孔卡，每张可容纳 80 个字符。最后 8 个字符"保留"用于序列号，以防你把卡片弄乱。

该程序架构在那个时代是非常典型的。有一个主操作程序，恰当地称为"MOP"。其职责是管理基础 I/O 功能并提供控制台"shell"的基本功能。Teradyne 的许多部门都共享 MOP 源代码，但每个部门都根据自己的需求对其进行了分支。因此，我们会通过标记的列表形式互相发送源代码更新，然后手工（非常小心地）进行整合。

一个特殊用途的实用层控制着测量硬件、定位台和激光器。这一层与 MOP 之间的界限非常模糊。尽管实用层调用了 MOP，MOP 也针对该层进行了特别修改，并经常回调该层。实际上，我们并没有真正将这两层视为独立的层。对我们来说，这只是以高度耦合的方式添加到 MOP 中的一些代码。

接下来是隔离层。这一层为应用程序提供了一个虚拟机接口，这些应用程序是用完全不同的领域特定数据驱动语言（DSL）编写的。该语言包括移动激光器、移动工作台、进行切割、进行测量等操作。我们的客户会用这种语言来编写他们的激光微调应用程序，隔离层将执行这些程序。

这种方法并不是为了创建一个与机器无关的激光微调语言。实际上，这种语言有许多特性是与下层紧密相连的。相反，这种方法为应用程序员提供了一种比 M356 汇编语言更"简单"的语言，用于编写他们的微调作业。

微调作业可以从磁带加载并由系统执行。本质上，我们的系统是一个用于微调应用的操作系统。

该系统是用 M365 汇编语言编写的，并在一个单一编译单元中编译，生成绝对二进制代码。

该应用程序中的边界在最好的情况下也是模糊的。即使是系统代码与用 DSL 编写的应用程序之间的边界也没有得到很好的执行。到处都是耦合。

但这是 20 世纪 70 年代早期软件的典型特征。

## 铝压铸监控

20 世纪 70 年代中期，当石油输出国组织（OPEC）实施石油禁运，汽油短缺导致愤怒的司机在加油站大打出手时，我开始在舷外发动机公司（OMC）工作。

OMC 是约翰逊发动机（Johnson Motors）和草坪男孩（Lawnboy）割草机的母公司。

　　OMC 在伊利诺伊州沃基根拥有一个庞大的工厂，专门生产公司所有电机和产品所需的压铸铝部件。工厂内部设有巨型熔炉，熔化的铝被装入大型运输桶，输送到众多的铝压铸机中。每台压铸机都由一名操作员负责，包括设置模具、操作机器循环以及取出新铸造的部件。这些操作员的收入根据他们生产的部件数量而定。

　　我被聘请来从事车间自动化项目。OMC 购买了一台 IBM System/7，这是 IBM 对小型计算机的回应。他们将这台计算机与车间内的所有压铸机相连，以便可以统计和记录每台机器的循环次数。我们的任务是收集所有信息，并在 3270 绿色屏幕上显示。

　　使用的语言是汇编语言。而且，再次说明，这台计算机中执行的每一行代码都是我们写的。没有操作系统，没有子程序库，也没有框架。只有原始代码。

　　这段代码是基于中断的实时处理程序。每当压铸机完成一次循环，我们就需要更新一组统计数据，并将这些数据通过消息发送到一台运行 CICS-COBOL 程序的 IBM 370 计算机上。这台计算机负责在绿色显示屏上展示这些统计信息。

　　我讨厌这份工作。我真的很讨厌。工作本身很有趣！但文化……可以说，我被要求必须系领带。

　　我确实尽力了。但那里的工作确实让我感到不快乐，这一点我的同事们都看得出来。他们之所以察觉，是因为我经常忘记重要日期，也难以早起参加关键会议。这是我唯一被解雇的编程工作——而且我应该被解雇。

　　从架构学的角度来看，除了一点之外，这里没有太多可以学习的。System/7 有一个非常有趣的指令称为设置程序中断（SPI）。这允许触发处理器的中断，让其能处理其他排队的低优先级中断。现在，在 Java 中，我们称之为 `Thread.yield()`。

## 4-TEL

　　1976 年 10 月，我被 OMC 解雇后，回到了 Teradyne 公司的另一个分部，并在这个分部工作了 12 年。我负责的产品为 4-TEL。它的目的是每晚测试电话服务区的每一条电话线路，并生成一份所有需要维修线路的报告。它还允许电话测试人员详细测试特定的电话线路。

这个系统起初与激光微调系统有着相同类型的架构。它是一个用汇编语言编写的单体应用程序，没有任何显著的边界。但当我加入公司的时候，这种情况即将改变。

该系统被位于服务中心（SC）的测试人员使用。一个服务中心涵盖了许多中央办公室（CO），每个办公室都可以处理多达 10 000 条电话线。拨号和测量硬件必须位于 CO 内部。因此，我们将 M365 计算机放置在那里。我们称这些计算机为中央办公室线路测试器（COLT）。另一台 M365 放在了 SC 处；它被称为服务区计算机（SAC）。SAC 有几个调制解调器，可以用来拨打 COLT 并以 300 Baud（30 字符每秒）的速度进行通信。

最初，COLT 计算机负责所有事务，包括所有控制台通信、菜单和报告。SAC 只是一个简单的多路复用器，将 COLT 的输出显示在屏幕上。

这种设置的问题在于 30cps 实在太慢了。测试者不喜欢看着字符缓慢地跨过屏幕，特别是他们只对少数关键数据感兴趣。而且，在那些日子里，M365 的核心内存非常昂贵，程序也很大。

解决方案是将拨号和测量线路的软件部分与分析结果和打印报告的部分分开。后者将被移动到 SAC 中，前者将保留在 COLT 中。这将允许 COLT 成为一个更小的机器，内存要少得多，且由于报告是在 SAC 中生成的，终端的响应速度会大大提高。

结果非常成功。一旦拨通了相应的 COLT，屏幕更新非常快，而 COLT 的内存占用也大大减少。

边界非常清晰且高度解耦。SAC 与 COLT 之间交换的是非常简短的数据包。这些数据包是一种非常简单的 DSL 形式，代表了像"拨号 ××××"或"测量"这样的原始命令。

M365 是从磁带加载的。这些磁带驱动器价格昂贵且不太可靠——尤其是在电话中心办公环境中。此外，与 COLT 中的其他电子设备相比，M365 是一台相对昂贵的机器。因此，我们启动了一个项目，用基于 8085µ 处理器的微型计算机来替换 M365。

新计算机由一个处理器板组成，上面安装了 8085 处理器，一个 RAM 板，装有 32KB 的 RAM，以及三个各自拥有 12KB 只读存储器的 ROM 板。所有这些板都装入与测量硬件相同的机箱中，从而去掉了曾经容纳 M365 的笨重额外机箱。

ROM 板装有 12 颗 Intel 2708 EPROM（可擦写可编程只读存储器）芯片。[一]附图 8 展示了这种芯片的一个例子。我们通过将这些芯片插入称为 PROM 烧录器的特殊设备中，由我们的开发环境驱动来对芯片进行软件加载。通过将芯片暴露于高强度紫外光下，可以擦除芯片中的数据。[二]

附图 8　EPROM 芯片

我的伙伴 CK 和我将用于 COLT 的 M365 汇编语言程序翻译为 8085 汇编语言。这个翻译是手工完成的，花了我们大约 6 个月的时间。最终结果大约是 30KB 的 8085 代码。

我们的开发环境拥有 64KB 的 RAM 且没有 ROM，所以我们可以快速地将编译后的二进制文件下载到 RAM 中进行测试。

一旦程序运行起来，我们就转用 EPROM。我们烧录了 30 个芯片，并将它们插入三个 ROM 板的正确插槽中。每个芯片都贴上了标签，以便我们能识别出哪个芯片对应哪个插槽。

30KB 程序是一个大小为 30KB 的单一二进制文件。为了烧录芯片，我们只需将这个二进制映像分成 30 个不同的 1KB 段，并将每个段烧录到相应标记的芯片上。

这种方式非常有效，我们开始大量生产硬件，并将系统部署到现场。

---

[一]　是的，我明白这是一个矛盾修饰法。
[二]　他们有一个小小的透明塑料窗口，可以让你看到内部的硅芯片，并允许紫外线擦除数据。

但软件是灵活的。<sup>⊖</sup>需要添加功能，需要修复错误。随着安装基础的扩大，通过烧录 30 个芯片来更新软件的工作变成了一场噩梦，现场服务人员需要在每个站点更换所有 30 个芯片。

有各种各样的问题。有时芯片会被错误标记，或者标签会掉落。有时现场服务工程师会错误地更换错误的芯片。有时现场服务工程师会不小心折断一个新芯片的引脚。因此，现场工程师不得不随身携带所有 30 个芯片的备用芯片。

我们为什么必须更换全部 30 个芯片？每当我们在 30KB 可执行文件中添加或移除代码时，它都会改变每条指令加载的地址。它还改变了我们调用的子程序和函数的地址。所以每个芯片都会受到影响，无论更改多么微小。

有一天，我的老板来找我，要求我解决这个问题。他说我们需要一种方法，在不每次都替换全部 30 个芯片的情况下更改固件。我们对这个问题进行了一番头脑风暴，然后开始了"向量化"项目。这花费了我三个月时间。

这个想法非常简单。我们将 30KB 程序分成 32 个可以独立编译的源文件，每个文件少于 1KB。在每个源文件的开头，我们告诉编译器在哪个地址加载结果程序（例如，将要插入 C4 位置的芯片使用 ORG C400）。

同样在每个源文件的开头，我们创建了一个简单的、固定大小的数据结构，其中包含了该芯片上所有子程序的地址。这个数据结构长 40Byte，因此最多只能容纳 20 个地址。这意味着没有哪个芯片可以拥有超过 20 个子程序。

接下来，我们在 RAM 中创建了一个特殊的区域，称为向量。它包含 32 个表，每个表 40Byte，正好有足够的 RAM 来保存每个芯片开头的指针。

最后，我们将每个芯片上每个子程序的每次调用都改为通过相应的 RAM 向量进行间接调用。

当我们的处理器启动时，它会扫描每个芯片并将每个芯片开头的向量表加载到 RAM 向量中。然后跳转到主程序。

这个方法非常有效。现在，当我们修复一个错误或添加一个功能时，我们可以简单地重新编译一个或两个芯片，并只将这些芯片发送给现场服务工程师。

---

⊖　是的，我知道当软件被烧录到 ROM 中时，它被称为固件——但即便是固件实际上仍然是软件。

我们使芯片能够独立部署。我们发明了多态分派。我们发明了对象。

这实际上是一种插件架构。我们插入了这些芯片。我们最终将其设计成通过将带有某功能的芯片插入一个开放的芯片插槽中，就可以将该功能安装到我们的产品中。菜单控件会自动出现，且与主应用程序的绑定会自动完成。

当然，当时我们不了解面向对象的原则，也不知道如何将用户界面与业务规则分开。但基本的框架已经存在，并且非常强大。

这种方法的一个意外附带好处是，我们可以通过拨号连接修补固件。如果我们发现固件中存在漏洞，我们可以拨号连接我们的设备，并使用板载监控程序改变故障子程序的 RAM 向量，使其指向一块空的 RAM。然后我们会以十六进制机器代码的形式在该 RAM 区域输入修复后的子程序。

这对我们的现场服务操作和客户来说是一个巨大的福音。如果客户遇到问题，他们不需要我们运送新芯片并安排紧急的现场服务电话。系统可以进行修补，新芯片可以在下一次定期维护访问时安装。

## 服务区计算机

4-TEL 服务区计算机（SAC）基于 M365 小型计算机。该系统通过专用或拨号调制解调器与所有现场的 COLT 进行通信。它会命令这些 COLT 测量电话线路、接收原始结果，然后对这些结果进行复杂的分析，以识别和定位任何故障。

### 调度决定

这一系统正常运行的基础之一在于正确分配维修技术人员。维修技术人员按工会规则分为三类：中央办公室、电缆和支线技术人员。中央办公室的技术人员负责解决中央办公室内部的问题。电缆技术人员负责解决连接中央办公室到客户的电缆设备中的问题。支线技术人员负责解决客户所在地内部以及将外部电缆连接到该地的线路（即"支线"）中的问题。

当客户抱怨出现问题时，我们的系统能够诊断问题并确定派遣哪种技术人员。这为电话公司节省了大量资金，因为错误的派遣意味着客户的等待时间延长和技术人员白跑一趟。

　　负责编写决定派遣哪种技术人员代码的工程师非常聪明，但沟通能力极差。编写代码的过程被描述为"三周盯着天花板发呆，接着两天代码如同从身体的每个孔隙涌出——然后他就辞职了。"

　　没人能理解这段代码。每次我们尝试添加功能或修复缺陷时，都会以某种方式破坏它。而且，由于我们系统的主要经济效益之一就依赖于这段代码，因此每个新的缺陷都会让公司感到非常尴尬。

　　最后，我们的管理层只是告诉我们要锁定这段代码，永远不要修改它。这段代码变得官方僵化。

　　这次经历让我深刻体会到了编写优质、清晰代码的价值。

### 架构

　　该系统于 1976 年用 M365 汇编语言编写。它是一个大约 60 000 行的单一整体程序。操作系统是基于轮询的自制非抢占式任务切换器。我们称之为 MPS，即多处理系统。M365 计算机没有内置栈，因此，特定于任务的变量被保存在内存的一个特殊区域，并在每次上下文切换时进行交换。共享变量通过锁和信号量进行管理。重新进入问题和竞态条件一直是常见问题。

　　设备控制逻辑或用户界面逻辑与系统的业务规则没有隔离。例如，调制解调器控制代码可以在大部分业务规则和用户界面代码中找到。没有尝试将其整合到一个模块中或抽象出接口。调制解调器在位级别由系统各处分散的代码控制。

　　终端用户界面也是如此。消息和格式控制代码没有被隔离，它们遍布整个60 000 行代码库。

　　我们原先使用的调制解调器模块设计用于安装在 PC 板上。这些模块是我们从第三方购买的，我们将它们与其他电路一起集成到适配我们自定义背板的板子上。由于这些模块成本较高，几年后我们决定自行设计调制解调器。作为软件组的一员，我们强烈请求硬件设计师在新调制解调器的控制上采用与旧版相同的位格式。我们解释称，调制解调器的控制代码已经广泛应用，未来我们的系统还需要同时兼容这两种调制解调器。因此，我们不断地请求和劝说："请确保新调制解调器在软件控制层面上与旧调制解调器保持一致。"

但是当我们拿到新的调制解调器时，控制结构完全不同。这不仅仅是有点不同。它是完全地、彻底地不同。

谢谢，硬件工程师。

我们该怎么办呢？我们并没有简单地用新调制解调器替换旧的调制解调器。相反，我们在系统中混用了旧调制解调器和新调制解调器。软件需要能同时处理这两种调制解调器。我们是否要在代码中操作调制解调器的每个地方都加上标志和特殊情况？有成百上千个这样的地方！

最后，我们选择了一个更糟糕的解决方案。

有一个特定的子程序负责向用于控制所有设备（包括调制解调器）的串行通信总线写入数据。我们修改了该子程序，使其能识别旧调制解调器特有的位模式，并将它们转换为新调制解调器所需的位模式。

这并不简单。对调制解调器的命令包括对串行总线上不同 IO 地址的一系列写操作。我们的处理必须按顺序解释这些命令，并将它们翻译成使用不同的 IO 地址、时序和位位置的序列。

我们虽然让系统运行起来了，但过程中采用的方法极其糟糕。正是这次不成功的尝试，让我认识到了在硬件与业务规则之间进行隔离以及接口抽象化的重要性。

### 天空中的宏伟重设计

到了 20 世纪 80 年代，自行生产迷你计算机和设计计算机架构的概念已经不再流行。市场上有许多微型计算机，它们的运作成本更低，更符合标准，相比于继续依赖 20 世纪 60 年代末的专有计算机架构更为经济实惠。再加上 SAC 软件架构的问题，促使我们的技术管理层开始对 SAC 系统进行全面重构。

新系统计划采用 UNIX 操作系统（UNIX O/S），安装在英特尔 8086 微型计算机（Intel 8086 microcomputer）上运行。我们的硬件团队已经开始开发新的计算机硬件，与此同时，一支精挑细选的软件开发者组成的"猛虎队"（The Tiger Team）也被指派来负责这次的系统重写工作。

我不会详细叙述最初的失败经历。简单来说，第一支"猛虎队"在耗费了两到三年的软件项目上彻底失败了，最终一无所获。

大约在 1982 年，我们再次启动了一个项目。这一次，我们的目标是在自主研发的、性能强大的 80286 硬件平台上，使用 C 语言和 UNIX 系统，对 SAC 进行彻底的重新设计。我们给这台新计算机起名为"深思"（Deep Thought）。

这个项目耗费了漫长的岁月，一次又一次地延续。至于第一个基于 UNIX 的 SAC 何时被正式部署，我已无从知晓；我记得那时（1988 年）我已经离开了公司。事实上，我甚至不确定它是否真的完成了部署。

为何进展缓慢？简单来说，要让一个负责重新设计的团队追赶上一群不断维护旧系统的程序员是极有挑战性的。这只是他们遇到的困难的一个典型例证。

### 欧洲

大约在 SAC 用 C 语言重设计的同时，公司开始向欧洲扩展销售。他们等不及重新设计的软件的完成，所以当然，他们将旧的 M365 系统部署到了欧洲。

问题在于欧洲的电话系统与美国的电话系统大不相同。工艺和官僚机构的组织也不同。因此，我们的一位最佳程序员被派往英国，领导一个由英国开发者组成的团队，修改 SAC 软件以应对所有这些欧洲问题。

当然，在早期，由于网络尚未普及能够支持大规模跨国代码的传输，在美国开发的软件并没有真正试图整合这些变化。英国的开发人员所做的，仅仅是从美国的代码中创建一个分支，并按照他们的需要去进行必要的修改。

这当然导致了困难。在大西洋两岸都发现了需要对方修复的漏洞。但是，模块已经发生了显著变化，因此很难确定在美国制定的修复方案是否适用于英国。

经过几年的艰难尝试，以及在美国和英国办公室之间安装了一条高吞吐量的线路后，人们认真尝试将这两个分支重新整合在一起，使差异成为配置问题。然而，这一努力在第一次、第二次和第三次尝试时均以失败告终。尽管两个代码库极为相似，但在当时快速变化的市场环境中，它们仍然有太多不同，无法成功整合。

与此同时，"猛虎队"试图用 C 和 UNIX 重写一切，意识到这也必须处理这种欧洲 / 美国的二元性。当然，这并没有加速他们的进展。

### SAC 总结

关于这个系统，我还有很多其他的故事可以讲给你听，但对我来说，继续讲下去实在太过压抑了。简而言之，我在 SAC 那段糟糕汇编代码中度过的日子，让我学到了软件生涯中的许多艰难教训。

## C 语言

我们在 4-TEL Micro 项目中使用的 8085 计算机硬件，为我们提供了一个相对低成本的计算平台，该平台可用于许多不同的项目，并可以嵌入工业环境中。我们可以为其加载 32KB 的 RAM 和另外 32KB 的 ROM，并且我们拥有极其灵活且强大的方案来控制外设。然而，我们没有一种灵活且方便的语言来编程这台机器。编写 8085 汇编器代码简直毫无乐趣可言。

除此之外，我们使用的汇编器是由我们自己的程序员编写的。它运行在我们的 M365 计算机上，使用 "Laser Trim" 部分中描述的盒式磁带操作系统。

幸运的是，我们的首席硬件工程师说服了我们的首席执行官，我们确实需要一台真正的计算机。他实际上并不知道用它来做什么，但他拥有很大的影响力。因此，我们购买了一台 PDP-11/60。

那时我还只是一个不起眼的软件开发者，我感到非常兴奋。我非常清楚我想用那台计算机做什么。我决心这将是我的机器。

在机器交付的几个月前，手册就到了。我把它带回家，迫不及待地阅读。到计算机交付时，我已经知道如何操作硬件和软件了，至少是自学所能达到的熟练程度。

我帮助撰写了采购订单。尤其是，我指定了新计算机将配备的磁盘存储。我决定我们应该购买两个可以使用可移动磁盘包的磁盘驱动器，每个磁盘包容量为 25 MB。$^{\ominus}$

50MB！这个数字看起来无穷大！我记得深夜在办公室的走廊里行走时，像西方邪恶女巫一样大笑："50MB！哈哈哈哈哈哈哈哈哈！"

---

$\ominus$ RKO7。

我让设施经理建了一个小房间，里面可以容纳六个 VT100 终端。我用太空照片装饰了这个房间。我们的软件开发人员会在这个房间里编写和编译代码。

机器到达时，我花了几天时间设置它，接线所有终端，并使一切都正常工作。这是一种快乐———一种爱的付出。

我们从波士顿系统办公室购买了用于 8085 的标准汇编器，并将 4-TEL Micro 代码翻译成该语法。我们建立了一个交叉编译系统，可以将编译后的二进制文件从 PDP-11 下载到我们的 8085 开发环境和 ROM 刻录器。然后一切都运行得很顺利。

## C 语言

但我们仍然面临一个问题，即仍需使用 8085 汇编语言。这不是我想要的情况。我听说有一种"新"语言在贝尔实验室被广泛使用。他们称它为"C 语言"。因此，我购买了一本由 Kernighan 和 Ritchie 编写的 *The C Programming Language*。就像几个月前的 PDP-11 手册一样，我对这本书爱不释手。

这种语言的简单优雅令我震惊。它没有牺牲汇编语言的任何功能，并且提供了一种更方便的语法来访问这些功能。我被说服了。

我成功在 PDP-11 上运行了一款从 Whitesmiths 购买的 C 编译器。该编译器产生的汇编语法能与波士顿系统办公室 8085 编译器兼容。这为我们打开了一条从 C 通向 8085 硬件的路径！于是，我们的项目就此启动。

现在唯一的问题是说服一群嵌入式汇编语言程序员使用 C 语言。但那是另一个噩梦般的故事，留待下次讲述……

## BOSS

我们的 8085 平台没有操作系统。之前使用 M365 的 MPS 系统，以及 IBM System 7 的原始中断机制的经验，让我确信我们需要为 8085 设计一个简单的任务切换器。因此，我构思了 BOSS：基本操作系统和调度器。<sup>⊖</sup>

---

　⊖　这后来被重命名为"Bob 的唯一成功软件"。

BOSS 系统的绝大多数代码是用 C 语言编写的，能够创建可以并发执行的任务。与基于中断触发的抢占式任务不同，BOSS 中的任务切换并不会自动预设，而是类似 M365 平台上的 MPS 系统，采用了一种简单的轮询（polling）机制来完成。也就是说，只有当任务在等待某个事件被阻塞时，轮询机制才会触发任务之间的切换。

阻塞任务的 BOSS 调用看起来是这样的：

```
block(eventCheckFunction);
```

此调用会暂停当前任务，将 **eventCheckFunction** 放入轮询列表，并将其与新阻塞的任务关联。然后它在轮询循环中等待，调用轮询列表中的每个函数，直到其中一个函数返回真值。然后允许与该函数关联的任务运行。

换句话说，正如我之前所说，这是一个简单的、非抢占式的任务切换器。

这个软件成为了接下来几年中许多项目的基础。但最初之一就是 pCCU。

## pCCU

20 世纪 70 年代末和 80 年代初对电话公司来说是一个动荡的时期。动荡的一个来源就是数字革命。

在前一个世纪里，中心交换局与客户电话之间的连接是一对铜线。这些铜线被捆绑成电缆，形成了横跨乡村的庞大网络。它们有时被架设在电杆上，有时被埋在地下。

铜是一种珍贵的金属，电话公司在全国范围内拥有数吨的铜。资金投入巨大。通过将电话通话转换为数字连接，可以减少资金的投入。一对铜线可以以数字形式传输数百个通话。

作为回应，电话公司开始用现代数字交换设备替换他们的旧模拟中心交换设备。

我们的 4-TEL 产品测试的是铜线而不是数字连接。在数字环境中仍然存在大量的铜线，但它们比以前短得多，且主要集中在客户电话附近。信号会从中央办公室以数字方式传输到本地分配点，然后转换回模拟信号，通过标准铜线分发给客户。这意味着我们的测量设备需要放在铜线开始的地方，但我们的拨号设备需要留在中央办公室。问题是我们所有的 COLT 都在同一设备中集成了拨号和测量功能。（如果我们几年前就意识到这一明显的架构边界，就可以节省一大笔财富！）

因此，我们构想了一种新的产品架构：CCU/CMU（COLT 控制单元和 COLT 测量单元）。CCU 将位于中央交换机办公室，负责拨打要测试的电话线。CMU 将位于本地分配点，测量通向客户电话的铜线。

问题在于每个 CCU 都有许多 CMU。关于哪个 CMU 应用于每个电话号码的信息由数字交换机本身保存。因此，CCU 必须查询数字交换机，以确定与哪个 CMU 进行通信和控制。

我们向电话公司承诺，我们将及时完成这种新架构的工作，以配合他们的过渡。我们知道他们还有几个月甚至几年的时间，所以我们没有感到匆忙。我们也知道，开发这种新的 CCU/CMU 硬件和软件将需要好几年的时间。

### 进度陷阱

随着时间的推移，我们发现总有一些紧急事务需要我们推迟 CCU/CMU 架构的开发。我们对这个决定感到安心，因为电话公司一直在推迟数字交换机的部署。当我们查看他们的时间表时，我们确信我们还有充足的时间，所以我们也一直在推迟我们的开发。

直到有一天，我的老板叫我进办公室说："我们的一个客户下个月就要部署数字交换机了。到那时我们必须有一个可用的 CCU/CMU。"

我感到非常震惊！我们怎么可能在一个月内完成几年的开发工作呢？但我的老板有一个计划……

事实上，我们并不需要完整的 CCU/CMU 架构。部署数字交换机的电话公司非常小。他们只有一个中央办公室和两个本地分配点。更重要的是，这些"本地"分配点并不是真正本地。它们实际上拥有常规的旧模拟交换机，服务于数百个客户。更好的是，这些交换机可以通过普通的 COLT 拨号。更棒的是，客户的电话号码包含了决定使用哪个本地分配点的所有必要信息。如果电话号码在某个位置有 5、6 或 7，就连接到分配点 1；否则，就去分配点 2。

所以，正如我老板向我解释的，我们实际上不需要 CCU/CMU。我们需要的是在中央办公室的一个简单计算机，通过调制解调器线路连接到分配点的两个标准 COLT 上。SAC 将与中央办公室的计算机通信，该计算机将解码电话号码，然后将拨号和测量命令传送到适当分配点的 COLT。

这样，pCCU 就诞生了。

这是第一个用 C 语言编写并使用 BOSS 系统部署给客户的产品。我大约用了一周时间来开发。这个故事没有什么深刻的架构意义，但它为下一个项目提供了一个很好的序言。

## DLU/DRU

20 世纪 80 年代初，我们的一个客户是德克萨斯州的一家电话公司。他们需要覆盖大面积的地区。事实上，这些地区非常大，以至于一个服务区需要几个不同的办公室来调度技术人员。这些办公室有需要使用我们 SAC 系统的测试技术人员。

你可能会认为这是一个简单的问题——但记住，这个故事发生在 20 世纪 80 年代初。远程终端当时并不常见。更糟的是，SAC 的硬件假设所有终端都是本地的。我们的终端实际上连接在一个专有的高速串行总线上。

我们拥有远程终端功能，但它基于调制解调器，在 20 世纪 80 年代初，调制解调器通常限制在每秒 300 比特。我们的客户对这样慢的速度并不满意。

高速调制解调器是可用的，但它们非常昂贵，并且需要在"条件"永久连接上运行。拨号质量还不够好。

我们的客户需要一个解决方案。我们的回应是 DLU/DRU。

DLU/DRU 代表"显示本地单元"和"显示远程单元"。DLU 是一块计算机板，插入 SAC 计算机机箱中，充当终端管理器板。然而，它并不控制本地终端的串行总线，而是将字符流通过单一的 9600 bit/s 的调制解调器链路进行多路复用。

DRU 是放置在客户远程位置的一个盒子。它连接到 9600 bit/s 链路的另一端，并具有控制专有串行总线上终端的硬件。它将从 9600 bit/s 链路接收到的字符解复用，并将它们发送到适当的本地终端。

奇怪，不是吗？我们不得不设计一个如今无处不在的解决方案，以至于我们现在甚至从未想过这一点。但那时候……

因为在那些日子里，标准通信协议并非开源共享软件，我们甚至不得不发明我们自己的通信协议。的确，这在我们拥有任何形式的互联网连接很久之前了。

### 架构

这个系统的架构非常简单，但有一些有趣的特点我想要强调。首先，两个单元都使用了我们的 8085 技术，并且都是用 C 语言编写并使用了 BOSS。但相似之处仅此而已。

我们两个人参与了该项目。我是项目负责人，Mike Carew 是我的密切合作伙伴。我负责 DLU 的设计和编码，Mike 则负责 DRU。

DLU 的架构基于数据流模型。每个任务都执行一个小而集中的工作，然后通过队列将输出传递给下一个任务。想象一下 UNIX 中的管道和过滤器模型。这种架构是复杂的。一个任务可能会向多个其他服务的队列提供输入。其他任务则可能向只有一个任务服务的队列提供输入。

想象一下流水线。流水线上的每个位置都有一个单一的、简单的、高度专注的工作要执行。然后产品移动到线上的下一个位置。有时流水线会分成多条，有时这些线又会合并成一条线。那就是 DLU。

Mike 的 DRU 使用了一个截然不同的方案。他为每个终端创建了一个任务，并且仅在该任务中为该终端完成全部工作。没有队列。没有数据流。只是许多相同的大型任务，每个任务管理自己的终端。

这与流水线完全相反。在这种情况下，类比许多专家构建者，每个人都构建一个完整的产品。

当时我认为我的架构设计更为优越。当然，Mike 认为他的更好。我们因此有了许多有趣的讨论。最终，当然，两者都运行得很好。我意识到软件架构可以截然不同，但同样有效。

## VRS

随着时代发展，越来越多的新技术出现了。其中一项技术是计算机语音控制。4-TEL 系统的一个特点是技术人员能够定位电缆故障。程序如下：

❏ 中央办公室的测试员将使用我们的系统来确定故障点大约的距离（以英尺为单位），精确度大约为 20% 左右。测试员将指派一名电缆维修技术人员前往该位置附近的适当接入点。

❏ 电缆维修技术人员到达后，会给测试员打电话请求开始定位故障。测试员将启动 4-TEL 系统的故障定位功能。系统将开始测量故障线路的电子特性，并在屏幕上打印消息，请求执行某些操作，如打开电缆或短接电缆。

❏ 测试员会告诉技术人员系统需要进行哪些操作，技术人员会告知测试员操作完成。测试员随后告诉系统操作已完成，系统继续进行测试。

❏ 经过两三次这样的互动后，系统会计算出到故障点的新距离。然后，电缆技工会驾车前往该位置并重新开始这一过程。

想象一下，如果电缆技工们能自己在电线杆上或站在基座旁操作系统会有多好。这正是新的语音技术所允许我们做的。电缆技工们可以直接呼叫我们的系统，通过按键音指挥系统，并通过一个悦耳的声音听到结果反馈。

### 名称

公司举办了一个小型竞赛来为这个新系统选名。其中一个最有创意的名字是 SAM CARP。这是"又一资本主义贪婪压迫无产阶级的表现"。不用说，这个名字没有被选中。

另一个名字是 Teradyne 互动测试系统。这个名字也没有被选中。

其中还有一个是服务区测试接入网络。最终，这个也没有被选中。

最终的赢家是 VRS：语音响应系统。

### 架构

我没有参与这个系统的工作，但我听说了发生的事情。我将要讲述的故事是间接获得的，但大部分我认为是正确的。

那是微型计算机、UNIX 操作系统、C 语言和 SQL 数据库的兴盛时期。我们决心要全部使用它们。

在众多数据库供应商中，我们最终选择了 UNIFY。UNIFY 是一个与 UNIX 协作的数据库系统，非常适合我们。

UNIFY 还支持了一项名为嵌入式 SQL 的新技术。这项技术允许我们将 SQL 命令作为字符串直接嵌入我们的 C 语言代码中。因此，我们到处都在使用。

我的意思是，你可以将 SQL 直接放入代码的任何位置，这真的很酷。我们想放到哪里？到处都是！因此，那段代码的主体中到处都是 SQL。

当然，过去的 SQL 标准化程度很低，各家厂商都有自己的专有特性。因此，代码中充斥着特有的 SQL 语句和 UNIFY API 的调用。

这个系统运行得非常出色，取得了巨大的成功。技术人员们争相采用，各大电话公司也对此评价甚高。人们的生活因此变得更加美好。

然后，我们正在使用的 UNIFY 产品被取消了。

所以我们决定转向 SyBase。还是 Ingress？我不记得了。总之，我们不得不检查所有的 C 代码，找到所有嵌入的 SQL 和特殊的 API 调用，并用新供应商对应的操作替换它们。

大约三个月的努力后，我们放弃了。我们无法使其正常工作。我们与 UNIFY 的耦合太紧密了，没有实际的希望以任何实际的费用重构代码。

因此，我们雇佣了第三方来维护 UNIFY，基于一份维护合同。当然，维护费用也年复一年地增加。

### VRS 总结

这是我学到的一种方式，即数据库应该是从系统的整体商业目的中隔离出来的细节。这也是我不喜欢强烈依赖第三方软件系统的原因之一。

# 电子接待员

1983 年，我们公司处于计算机系统、电信系统和语音系统的交汇处。我们的 CEO 认为这可能是开发新产品的一个有利位置。为了实现这一目标，他委托了一个由三人（包括我在内）组成的团队来构思、设计和实施一种新产品。

我们很快就想出了电子接待员（ER）这个点子。

这个想法很简单。当你给公司打电话时，ER 会接电话并询问你想和谁通话。你可以用按键音拼写出那个人的名字，然后 ER 会帮你接通。ER 的用户可以拨入电话，并通过使用简单的按键音命令，告诉它所需联系人的电话号码，无论他们在世界上的哪个地方。实际上，该系统可以列出几个备用号码。

当你打电话给 ER 并拨打 RMART（我的代码）时，ER 会拨打我名单上的第一个号码。如果我没能接听并确认身份，它会拨打下一个号码，再下一个。如果我仍然没有接通，ER 会录下来电者的留言。

然后，ER 会定期尝试找到我，以传达这条留言和其他任何人留给我的其他消息。

这是有史以来的第一个语音邮件系统，我们⊖拥有其专利。

我们为这个系统构建了所有硬件——计算机主板、内存板、语音 / 电信板，一切都有。主计算机板名为深思（Deep Thought），使用的是我之前提到的英特尔 80286 处理器。

每个语音板支持一条电话线。它们由电话接口、语音编解码器、一些内存和一块英特尔 80186 微处理器组成。

主计算机板的软件是用 C 语言编写的。操作系统是 MP/M-86，这是一个早期的命令行驱动、多处理、磁盘操作系统。MP/M 是穷人的 UNIX。

语音板的软件是用汇编语言编写的，并没有操作系统。深思（Deep Thought）和语音板之间的通信是通过共享内存进行的。

这个系统的架构在今天被称为面向服务的。每条电话线都由运行在 MP/M 下的监听进程监控。

当电话呼入时，会启动一个初始处理程序，并将电话传递给它。随着电话从一个状态转移到另一个状态，相应的处理程序将被启动并接管控制。

---

⊖ 我们公司拥有这项专利。我们的雇佣合同明确规定，我们发明的任何东西都属于公司所有。我的老板告诉我："你已经以一美元的价格卖给了我们，而我们并没有支付那一美元。"

这些服务之间通过磁盘文件传递消息。当前运行的服务将决定下一个服务应该是什么；将必要的状态信息写入磁盘文件；发出命令行以启动该服务；然后退出。

这是我第一次构建这样的系统。事实上，这也是我第一次作为整个产品的主要架构师。与软件有关的一切都是我的 —— 它运行得非常好。

我不会说这个系统的架构是"整洁的"，它不是一个"插件"架构。然而，它确实显示出了真正的界限。服务可以独立部署，并存在于它们自己的责任领域内。有高级流程和低级流程，许多依赖关系的运行方向是正确的。

### ER 的终结

不幸的是，该产品的市场营销并不顺利。Teradyne 是一家销售测试设备的公司。我们不了解如何打入办公设备市场。

经过两年的反复尝试，我们的首席执行官最终放弃了，并且不幸地——撤销了专利申请。该专利随后被在我们提交申请三个月后提交申请的公司获得；因此，我们放弃了整个语音邮件和电子呼叫转移市场。

此外，你不能因为那些现在困扰我们的恼人机器而责怪我。

## 技术人员调度系统

ER 作为一款产品失败了，但我们仍然拥有所有这些硬件和软件，我们可以利用它们来增强我们现有的产品线。此外，我们在 VRS 市场的成功使我们相信，我们应该提供一个与电话技术人员互动的语音响应系统，而不依赖于我们的测试系统。

因此诞生了 CDS，即技术人员调度系统。CDS 本质上是 ER 系统，但专门针对管理现场电话维修工的狭窄领域。

当电话线路出现问题时，服务中心会创建一个故障单。故障单被保存在自动化系统中。当现场维修工完成一项工作后，他会打电话给服务中心询问下一个任务。服务中心操作员会调出下一个故障单并将其读给维修工。

我们开始自动化这一过程。我们的目标是让现场的维修工打电话给 CDS 并询问下一个任务。CDS 会查询故障单系统，并读出结果。CDS 将跟踪哪个维修工被分配到哪个故障单，并将维修状态通知故障单系统。

这个系统有很多有趣的特点，涉及与故障单系统、工厂管理系统以及任何自动测试系统的互动。

ER 的面向服务架构的经验使我更积极地尝试这一理念。处理一个电话的状态机比处理 ER 系统的状态机复杂得多。我开始着手创建现在所谓的微服务架构。

每个来电的状态转换，无论多么微不足道，都会导致系统启动一个新服务。实际上，状态机被外部化到一个文本文件中，系统会读取这个文件。每个从电话线进入系统的事件都会转变为有限状态机中的一个转换。现有的进程会根据状态机的指示启动一个新进程来处理该事件；随后，现有进程将退出或在队列中等待。

这种外部化的状态机使我们能够在不改变任何代码的情况下改变应用程序的流程（开闭原则）。我们可以轻松地添加一个新服务，独立于其他服务，并通过修改包含状态机的文本文件将其接入流程。我们甚至可以在系统运行时进行这样的操作。换句话说，我们实现了热交换和有效的 BPEL（业务流程执行语言）。

旧的 ER 方法使用磁盘文件来在服务之间通信，这对于这种更快的服务转换来说太慢了，因此我们发明了一个称为 3DBB 的共享内存机制。⊖3DBB 允许通过名称访问数据；使用的名称是分配给每个状态机实例的名称。

3DBB 非常适合存储字符串和常量，但不能用于保存复杂的数据结构。原因虽是技术性的但易于理解。在 MP/M 中，每个进程都在自己的内存分区中运行。一个内存分区中的数据指针在另一个内存分区中没有意义。因此，3DBB 中的数据不能包含指针。字符串是可以的，但树、链表或任何包含指针的数据结构都无法工作。

故障单系统中的故障单有多个不同来源。有些是自动的，有些是手动的。手动条目是由与客户讨论其问题的操作员创建的。当客户描述他们的问题时，操作员会在结构化的文本流中输入他们的投诉和观察。它看起来是这样的：

```
/pno 8475551212 /noise /dropped-calls
```

---

⊖　三维黑板。如果你出生在 20 世纪 50 年代，你可能会明白这个引用：Drizzle, Drazzle, Druzzle, Drone。

你的理解是对的。在这种情况下，字符"/"用来开始一个新的话题。其后面是一个代码，代码后面是参数。这些代码有成千上万个，而一个问题单在描述中可能包含数十个这样的代码。更糟糕的是，由于这些代码是手动输入的，它们常常会拼写错误或格式不当。这些代码是为人类解读而设计的，而非为机器处理。

我们的问题是解码这些半自由形式的字符串，解释和修正任何错误，然后将它们转换为语音输出，这样我们就可以通过听筒读给正在工作的维修工听。这还需要一种非常灵活的解析和数据表示技术。这种数据表示必须通过 3DBB 传递，它只能处理字符串。

因此，在一次客户访问的飞机途中，我发明了一个我称之为 FLD：字段标记数据的方案。如今我们会称之为 XML 或 JSON。格式不同，但思想相同。FLD 是二叉树，通过递归层次结构将名称与数据关联起来。FLD 可以通过一个简单的 API 查询，并且可以转换为 3DBB 的理想字符串格式，也可以从该格式转换回来。

所以，微服务通过 1985 年使用的套接字的共享内存模拟 XML 进行通信。

## 清晰的沟通

1988 年，一群 Teradyne 公司的员工离开公司成立了一家名为 Clear Communications 的初创公司。几个月后，我加入了他们。我们的使命是为一个系统构建软件，该系统将监控 T1 线路的通信质量——这些数字线路贯穿全国，用于长途通信。我们的愿景是一个巨大的显示器，上面有一张被 T1 线路交错覆盖的美国地图，如果线路性能下降，就会闪烁红色。

记住，图形用户界面在 1988 年还是全新的事物。苹果 Macintosh 才推出五年。那时候 Windows 还是个笑话。但是 Sun Microsystems 正在开发具有可信 X-Windows GUI 的 Sparcstations。所以我们选择了 Sun —— 也因此选择了 C 和 UNIX。

这是一个初创公司。我们每周工作 70 到 80 小时。我们有愿景，我们有动力，我们有意志，我们有能量，我们有专业知识，我们有股权，我们梦想成为百万富翁，我们充满了幻想。

C 语言代码从我们身体的每一个毛孔中涌出。我们在这里狂敲代码，在那里疯狂执行代码。我们在空中构建了巨大的城堡。我们有流程，有消息队列，有宏伟的、至高无上的架构。我们从头到尾完全自主编写了一个完整的七层 ISO 通信栈——直至数据链路层。

我们编写了 GUI 代码。黏糊糊的代码！天哪！我们写了黏糊糊的代码。

我个人编写了一个名为 `gi()` 的 3000 行 C 函数；它的名字代表图形解释器。这不是我在 Clear 公司编写的唯一代码，但它是我最"臭名昭著"之作。

架构？你在开玩笑吗？这是一个初创公司。我们没有时间去考虑架构。只管编写代码，为你们提供代码！

所以我们编写代码。我们继续编写代码。我们还是在编写代码。但是，三年后，我们未能做到的是销售。哦，我们有一两个安装实例。但市场对我们宏伟的愿景不是特别感兴趣，我们的风险投资人也开始不耐烦了。

这时候我讨厌我的生活。我看到我所有的努力和梦想都破灭了。我在工作中遇到了冲突，因为工作在家里也发生了冲突，还与自己发生了冲突。

然后，我接到了一个改变一切的电话。

### 准备阶段

在那通电话的前两年，发生了两件重要的事情。

首先，我成功地建立了一个与附近一家公司的 uucp 连接，该公司又通过 uucp 连接到另一家连接互联网的设施。这些连接当然是拨号的。我们的主要 Sparcstation（放在我的桌子上的那一台）使用 1200bit/s 的调制解调器每天拨打两次我们的 uucp 主机。这使我们能够使用电子邮件和 Netnews（一个早期的社交网络，在那里人们讨论有趣的问题）。

其次，Sun 发布了一个 C++ 编译器。我从 1983 年起就对 C++ 和 OO 感兴趣，但编译器很难得到。所以当机会出现时，我立刻改变了编程语言。我抛弃了 3000 行的 C 函数，开始在 Clear 公司写 C++ 代码。我学到了……

我阅读了书籍。当然，我读了 Bjarne Stroustrup 的《C++ 编程语言》和《带注释的 C++ 参考手册》（ARM）。我读了 Rebecca Wirfs-Brock 关于责任驱动设计的精彩书籍：《设计面向对象的软件》。我读了 Peter Coad 的 OOA、OOD 和 OOP。我读了 Adele Goldberg 的 Smalltalk-80。我读了 James O. Coplien 的《高级 C++ 编程风格与习惯》。但或许最重要的是，我读了 Grady Booch 的《面向对象设计及其应用》。

多么响亮的名字！ Grady Booch。这样的名字怎么可能忘记。更重要的是，他是一家名为 Rational 公司的首席科学家！我多么想成为一名首席科学家！因此我读了他的书。我学习，我学习，我学习……

在我学习的同时，我也开始在 Netnews 上参与辩论，就像现在人们在 Facebook 上辩论一样。我的辩论主题是 C++ 和面向对象。两年来，我通过与 Usenet 上的数百人就最佳语言特性和设计原则进行辩论，缓解了工作中积累的挫败感。过了一段时间，我甚至开始讲出了一些道理。

正是在那些辩论中，奠定了 SOLID 原则的基础。

所有那些辩论，或许是其中一些有意义的观点，让我受到了关注……

### 鲍勃大叔

Clear 公司的一位工程师是一个叫比利•沃格尔的年轻人。比利给每个人起了绰号。他叫我鲍勃大叔。我怀疑，尽管我的名字是鲍勃，但他这是在间接提到 J. R.“鲍勃”多布斯。

起初我还能忍受。但随着时间的推移，他不断地在创业的压力和失望中叫着“鲍勃大叔，……，鲍勃大叔”，我开始变得难以忍受。

然后，有一天，电话响了。

### 电话通话

来电者是一个招聘人员。他从某处得知我的名字，知道我精通 C++ 和面向对象的设计。我不确定是怎么知道的，但我猜可能与我的网络新闻存在有关。

他说他在硅谷的一家名为 Rational 的公司工作。他们正在寻找帮助构建 CASE <sup>○</sup> 工具的人才。

---

㊀ 计算机辅助软件工程。

我的脸色瞬间变得苍白。我知道这是什么。我不知道我怎么知道的，但我就是知道。这是 Grady Booch 的公司。我看到了与 Grady Booch 合作的机会就在我面前！

## ROSE

1990 年，我以一名合同程序员的身份加入了 Rational。我当时正在研发 ROSE 产品。这是一个允许程序员绘制 Booch 图的工具——这些图是 Grady 在 *Object-Oriented Analysis and Design with Applications* 一书中提到的（附图 9 展示了一个例子）。

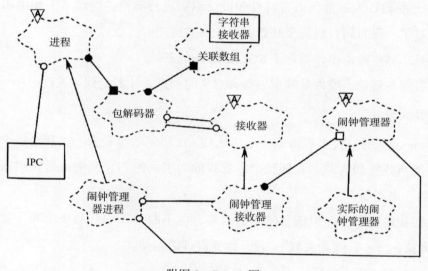

附图 9 Booch 图

Booch 符号非常强大。它预示了像 UML 这样的符号系统。

ROSE 拥有一个架构——一个真正的架构。它是按真正的层次结构构建的，层与层之间的依赖关系得到了适当的控制。这种架构使其具备了可发布性、可开发性和独立部署性。

噢，它并不完美。我们对架构原则仍有许多不了解的地方。例如，我们没有创建一个真正的插件结构。

我们还追随了当时最不幸的一种潮流——我们使用了所谓的面向对象数据库。

但总的来说，这次经历非常棒。我在 Rational 团队工作了一年半的时间，参与了 ROSE 项目。这是我职业生涯中最具智慧刺激的经历之一。

### 辩论持续进行

当然，我没有停止在网上辩论。实际上，我大大增加了我的网络存在感。我开始为 C++ 报告撰写文章。在格雷迪的帮助下，我开始着手我的第一本书《使用 Booch 方法设计面向对象的 C++ 应用程序》。

有一件事困扰着我。这很扭曲，但事实如此。没有人叫我"鲍勃大叔"。我发现我想念这个称呼。所以我犯了一个错误，在我的电子邮件和网上新闻的签名中加入了"鲍勃大叔"。这个名字就这样流行开来了。最终我意识到，这是一个相当好的品牌。

### 另一个名字

ROSE 是一个庞大的 C++ 应用程序。它由多层组成，并严格执行依赖规则。这个规则并不是本书中描述的那个规则。我们没有将依赖指向高层策略。相反，我们将依赖指向了更传统的流控方向。图形用户界面指向表示层，表示层指向操作规则，操作规则指向数据库。最终，由于未能将依赖指向策略，导致了该产品的最终消亡。

ROSE 的架构类似一个优秀的编译器架构。图形符号被"解析"为内部表示；然后，这种表示通过规则进行操作并存储在一个面向对象的数据库中。

面向对象数据库是一个相对较新的概念，OO（面向对象）界对此充满了讨论。每个面向对象的程序员都想在他或她的系统中拥有一个面向对象的数据库。这个想法相对简单，而且非常理想化。数据库存储的是对象，而不是表格。

数据库被设计成类似 RAM 的样子。当你访问一个对象时，它就会立即出现在内存中。如果这个对象指向另一个对象，那么当你访问它时，另一个对象也会立即出现在内存中。这就像魔法一样。

那个数据库可能是我们最大的实际错误。我们想要那种魔法，但我们得到的是一个庞大、缓慢、侵入性强、昂贵的第三方框架，它几乎在每个层面上都阻碍着我们的进步，使我们的生活变得一团糟。

那个数据库并不是我们犯的唯一错误。事实上，最大的错误是过度架构。这里有更多的层次，我没有详细描述，每个层次都有自己的通信开销。这显著降低了团队的生产力。

的确，经过多年的工作、巨大的挣扎和两次不温不火的发布后，整个工具被放弃并由威斯康星州一个小团队编写的一个可爱的小应用程序所取代。

由此我了解到，伟大的架构有时会导致巨大的失败。架构必须足够灵活，以适应问题的大小。当你需要的只是一个可爱的小桌面工具时，却设计了企业级架构，那就是失败的经历。

## 架构师注册考试

在 20 世纪 90 年代初，我成为了一名真正的顾问。我周游世界教授人们这个新的面向对象（OO）的概念。我的咨询主要集中在面向对象系统的设计和架构上。

我的第一批咨询客户之一是教育测试服务公司（ETS）。它与国家架构师注册委员会（NCARB）签约，负责为新的架构师候选人进行注册考试。

在美国或加拿大，任何希望成为注册架构师（设计架构的那种）的人都必须通过注册考试。

这个考试包括要求候选人解决一些涉及架构设计的问题。候选人可能会被要求对一个公共图书馆、餐厅或教堂等场所的需求进行架构设计，然后绘制相应的架构图纸。

结果会被收集并保存，直到可以聚集一组高级架构师作为评委，来对提交的作品进行评分。这些聚会是大型、昂贵的活动，也是许多模糊和延迟的来源。

NCARB 希望通过让考生使用计算机参加考试，并让另一台计算机进行评估和打分来自动化这一流程。NCARB 要求 ETS 开发该软件，而 ETS 聘请我们组建一个开发团队来生产这个产品。

ETS 将问题细分为 18 个单独的测试小插图。每个都需要一个类似 CAD 的

GUI 应用程序，供考生表达其解决方案。一个单独的评分应用程序将接收解决方案并生成分数。

我的合伙人 Jim Newkirk 和我意识到这 36 个应用程序有大量的相似之处。18 个 GUI 应用程序都使用了相似的手势和机制。18 个评分应用程序都使用了相同的数学技巧。鉴于这些共同的元素，Jim 和我决定为所有 18 个应用程序开发一个可重用的框架。实际上，我们通过表示我们将在第一个应用程序上花费很长时间，但之后将每隔几周就会推出一个，以此向 ETS 销售这个想法。

在这一点上，你可能会拍打自己的额头或者用书敲打自己的头。那些年纪足够大的人可能还记得 OO 的"重用"承诺。那时我们都相信，只要你写出了好的、干净的面向对象的 C++ 代码，你就会自然而然地产生大量可重用的代码。

因此我们开始编写第一个应用程序——这是一批中最复杂的一个。它被称为 Vignette Grande。

我们两个全身心投入 Vignette Grande 的开发中，目标是创建一个可重用的框架。我们花了一年时间。在那一年结束时，我们有了 45 000 行框架代码和 6 000 行应用程序代码。我们将这个产品交付给 ETS，他们与我们签约，要求我们迅速编写其他 17 个应用程序。

所以 Jim 和我招募了三名其他开发者，我们开始着手开发接下来的几个小插曲。

但是出现了一些问题。我们发现我们创建的可复用框架并不是特别可复用。它并不适合新编写的应用程序。有一些微妙的摩擦问题使得它无法正常工作。

这让我们深感沮丧，但我们相信我们知道该怎么办。我们去找了 ETS 并告诉他们会有些延误——那个 45 000 行的框架需要重写，或者至少需要调整。我们告诉他们完成这项工作需要更长一些时间。

我不必告诉你，ETS 对这个消息并不是特别高兴。

所以我们又开始了。我们把旧框架搁置一边，开始同时编写四个新的测试场景。我们会借鉴旧框架的想法和代码，但重新加工使它们能够在四个测试场景中无须修改即可适用。这一努力又花费了一年时间。它产生了另一个 45 000 行的框架，加上四个测试场景，每个测试场景大约有 3000 ～ 6000 行。

不用说，GUI 应用程序和框架之间的关系遵循了依赖规则。这些测试场景是框架的插件。所有高级 GUI 策略都在框架中。测试场景代码只是粘合剂。

打分应用程序与框架之间的关系有点复杂。高层次的评分策略在测试场景中。评分框架插入评分场景中。

当然，这些应用程序都是静态链接的 C++ 应用程序，所以根本没有插件的概念。然而，依赖关系的运行方式与依赖规则一致。

在完成那四个应用程序的交付任务以后，我们开始进行后面四个任务。这一次和我们预想的完全一样，每隔几周就有一个应用程序完成。先前的延误使我们的项目进度落后了近一年，为了加快进度，我们又招聘了一位程序员。

我们成功地按期履行了我们的承诺。客户对我们的工作效果非常满意，我们也收获了快乐。生活很美好。

我们吸取了一个宝贵的经验：在打造一个实用的框架（usable framework）之前，你无法创造出一个可复用的框架（reusable framework）。要开发出可复用的框架，必须让框架与多个重用应用程序一起协同进化。

## 总结

正如我在开始时所说，这个附录有点自传性质。我提到了那些我认为在架构上有影响的重点项目。我也提到了一些与本书技术内容不完全相关，但仍具有重要意义的事件。

当然，这只是部分历史。在过去的几十年里，我参与了许多其他项目。我还故意将这段历史停留在了 20 世纪 90 年代初，因为我还有另一本书要写关于 20 世纪 90 年代末的事件。

我希望你喜欢我的这次记忆之旅；并且在途中能够学到一些东西。